特高压直流工程建设管理实践与创新

TEGAOYA ZHILIU GONGCHENG JIANSHE GUANLI SHIJIAN YU CHUANGXIN

工程造价与财务

标准化管理

国家电网公司直流建设分公司 编

中国电力出版社

CHINA ELECTRIC POWER PRESS

内 容 提 要

为全面总结十年来特高压直流输电工程建设管理的实践经验，国家电网公司直流建设分公司编纂完成《特高压直流工程建设管理实践与创新》丛书。本丛书分标准化管理、标准化作业指导书、典型经验和典型案例四个系列，共 12 个分册。

本书为《特高压直流工程建设管理实践与创新——工程造价与财务标准化管理》，主要内容包括工程造价标准化管理、国网总部投资主体项目工程财务标准化管理、网省投资项目工程财务标准化管理。

本丛书可用于指导后续特高压直流工程建设管理，并为其他等级直流工程建设管理提供经验借鉴。

图书在版编目（CIP）数据

特高压直流工程建设管理实践与创新. 工程造价与财务标准化管理 / 国家电网公司直流建设分公司编. —北京：中国电力出版社，2017.12
ISBN 978-7-5198-1627-8

Ⅰ. ①特…　Ⅱ. ①国…　Ⅲ. ①特高压输电–直流输电–工程造价–标准化管理②特高压输电–直流输电–工程施工–财务管理–标准化管理　Ⅳ. ①TM726.1

中国版本图书馆 CIP 数据核字（2017）第 331225 号

出版发行：中国电力出版社
地　　址：北京市东城区北京站西街 19 号（邮政编码 100005）
网　　址：http://www.cepp.sgcc.com.cn
责任编辑：岳　璐（010-63412339）
责任校对：王开云
装帧设计：张俊霞　左　铭
责任印制：邹树群

印　　刷：北京大学印刷厂
版　　次：2017 年 12 月第一版
印　　次：2017 年 12 月北京第一次印刷
开　　本：787 毫米×1092 毫米　16 开本
印　　张：8.25
字　　数：182 千字
印　　数：0001—2000 册
定　　价：40.00 元

《特高压直流工程建设管理实践与创新》丛书

编 委 会

主　　　任	丁永福	

副 主 任　成　卫　赵宏伟　袁清云　高　毅　张金德

　　　　　　刘　皓　陈　力　程更生　杨春茂

成　　　员　鲍　瑞　余　乐　刘良军　谭启斌　朱志平

　　　　　　刘志明　白光亚　郑　劲　寻　凯　段蜀冰

　　　　　　刘宝宏　邹军峰　王新元

本 书 专 家 组

王　劲　张　敏　李培栋　赵志刚　孙英阁　张长权　肖　婷
范西荣　韩延峰　张永取

本 书 编 写 组

组　　　长　刘　皓

副 组 长　刘志明　邢瑶青　张　昉

成　　　员　（排名不分先后）

　　　　　　陈　鹏　李　浩　王湔璋　张　伟　孙斐斐

　　　　　　张万祥　李　智　李一晨　贺　然　龙　波

　　　　　　张燕红　胡　俊　吴丽娟　马　腾　尤太阳

　　　　　　马仙菊　李　丹

序 言

建设以特高压电网为骨干网架的坚强智能电网，是深入贯彻"五位一体"总体布局、全面落实"四个全面"战略布局、实现中华民族伟大复兴的具体实践。国家电网公司特高压直流输电的快速发展以向家坝—上海±800kV特高压直流输电示范工程为起点，其成功建成、安全稳定运行标志着我国特高压直流输电技术进入全面自主研发创新和工程建设快速发展新阶段。

十年来，国家电网公司特高压直流输电技术和建设管理在工程建设实践中不断发展创新，历经±800kV向上、锦苏、哈郑、溪浙、灵绍、酒湖、晋南到锡泰、上山、扎青等工程实践，输送容量从640万kW提升至1000万kW，每千千米损耗率降低到1.6%，单位走廊输送功率提升1倍，特高压工程建设已经进入"创新引领"新阶段。在建的±1100kV吉泉特高压直流输电工程，输送容量1200万kW、输送距离3319km，将再次实现直流电压、输送容量、送电距离的"三提升"。向上、锦苏、哈郑等特高压工程荣获国家优质工程金奖，向上特高压工程获得全国质量奖卓越项目奖，溪浙特高压双龙换流站荣获2016年度中国建设工程鲁班奖等，充分展示了特高压直流工程建设本质安全和优良质量。

在特高压直流输电工程建设实践十年之际，国网直流公司全面落实专业化建设管理责任，认真贯彻落实国家电网公司党组决策部署，客观分析特高压直流输电工程发展新形势、新任务、新要求，主动作为开展特高压直流工程建设管理实践与创新的总结研究，编纂完成《特高压直流工程建设管理实践与创新》丛书。

丛书主要从总结十年来特高压直流工程建设管理实践经验与创新管理角度出发，本着提升特高压直流工程建设安全、优质、效益、效率、创新、生态文明等管理能力，提炼形成了特高压直流工程建设管理标准化、现场标准化作业指导书等规范要求，总结了特高压直流工程建设管理典型经验和案例。丛书既有成功经验总结，也有典型案例汇编，既有管

理创新的智慧结晶，也有规范管理的标准要求，是对以往特高压输电工程难得的、较为系统的总结，对后续特高压直流工程和其他输变电工程建设管理具有很好的指导、借鉴和启迪作用，必将进一步提升特高压直流工程建设管理水平。丛书分标准化管理、标准化作业指导书、典型经验和典型案例四个系列，共 12 个分册 300 余万字。希望丛书在今后的特高压建设管理实践中不断丰富和完善，更好地发挥示范引领作用。

特此为贺特高压直流发展十周年，并献礼党的十九大胜利召开。

2017 年 10 月 16 日

前 言

自 2007 年中国第一条特高压直流工程——向家坝–上海±800kV 特高压直流输电示范工程开工建设伊始，国家电网公司就建立了权责明确的新型工程建设管理体制。国家电网公司是特高压直流工程项目法人；国网直流公司负责工程建设与管理；国网信通公司承担系统通信工程建设管理任务。中国电力科学研究院、国网北京经济技术研究院、国网物资有限公司分别发挥在科研攻关、设备监理、工程设计、物资供应等方面的业务支撑和技术服务的作用。

2012 年特高压直流工程进入全面提速、大规模建设的新阶段。面对特高压电网建设迅猛发展和全球能源互联网构建新形势，国家电网公司对特高压工程建设提出"总部统筹协调、省公司属地建设管理、专业公司技术支撑"的总体要求。国网直流公司开展 "团队支撑、两级管控"的建设管理和技术支撑模式，在工程建设中实施"送端带受端、统筹全线、同步推进"机制。在该机制下，哈密南–郑州、溪洛渡–浙江、宁东–浙江、酒泉–湘潭、晋北–南京、锡盟–泰州等特高压直流工程成功建设并顺利投运。工程沿线属地省公司通过参与工程建设，积累了特高压直流线路工程建设管理经验，国网浙江、湖南、江苏电力顺利建成金华换流站、绍兴换流站、湘潭换流站、南京换流站以及泰州换流站等工程。

十年来，特高压直流工程经受住了各种运行方式的考验，安全、环境、经济等各项指标达到和超过了设计的标准和要求。向家坝–上海、锦屏–苏州南、哈密南–郑州特高压直流输电工程荣获"国家优质工程金奖"，溪洛渡–浙江双龙±800kV 换流站获得"2016～2017 年度中国建筑工程鲁班奖"等。

《工程造价与财务标准化管理》分册从规范工程造价管理工作标准、优化管理工作流程、建设工程造价管控信息化平台以及引入外部专业单位参加工程造价管理等方面提出了各项适应国家电网公司管理体制与管理制度的举措。针对特高压工程财务管理工作中的投资预算管理、资金预算、资金支付和资金拨付、核算管理、增值税管理、保险管理及竣工决算报告编制管理等内容做出具体的分析和阐述。

本书在编写过程中，得到工程各参建单位的大力支持，在此表示衷心感谢！书中恐有疏漏之处，敬请广大读者批评指正。

编　者

2017 年 9 月

特高压直流工程建设管理实践与创新
—— 工程造价与财务标准化管理

目 录

序言
前言

第 **1** 部分

工程造价标准化管理

目　　次

第1章 管理模式及职责

1.1 工程造价管理目标及组织机构

1.1.1 管理目标

严格依据执行概算（执行概算未下达时，以初设概算为标准）组织实施工程项目建设。凡概算之外的工程项目，原则上不得建设。按期完成工程项目结算，竣工结算不超同口径批复概算。

1.1.2 工程造价管理组织机构

项目法人：国家电网公司

建设管理单位：国家电网公司所属网省公司及直流建设分公司

运行管理单位：根据具体工程确定

设计单位：根据具体工程确定

监理单位：根据具体工程确定

施工单位：根据具体工程确定，含土建与安装施工单位

工程造价管理组织机构如图 1-1 所示。

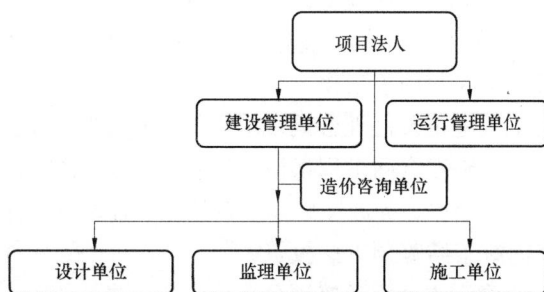

图 1-1 工程造价管理组织机构图

1.2 工程造价管理职责

1.2.1 国网直流部

国网直流部是代表国家电网公司承担特高压直流工程项目法人职责,负责牵头开展特高压直流工程造价管理工作的归口管理部门。

负责下达工程项目年度投资及资金计划;组织工程项目初步设计概算的编制、评审和报批;组织施工图预算的编制和审批;组织执行概算的编制和下达;对概算执行情况进行统一管理和监督。

组织工程施工(直流线路、换流站本体工程)、监理、设备监造、就地大件运输、结算审核等招标文件审查,以及招评标工作,负责审批评标报告;对重大设计变更及重大合同变更费用的审批;审核工程建管单位上报的工程项目预结算报告,并予以批复。

负责向工程建管单位移交由国网公司直接办理的与竣工决算相关的其他资料;组织工程项目竣工决算编制及审计。

1.2.2 工程建设管理单位

1. 业主项目部

业主项目部由各工程建设管理单位负责组建,是代表工程建管单位对应各工程设立的常驻施工现场的管理机构。由业主项目部项目经理牵头负责工程现场建设管理工作,业主项目部设有协调、技术、安全、质量、技经等各专业专责,共同开展具体现场建管工作。

在工程造价管理工作中承担的各项职责如下:

(1)负责组织参建单位,按工程进度及合同约定的支付周期,发起工程进度款支付申报、审核流程,并组织办理资金支付手续。

(2)负责对施工合同外另行委托项目,依据相关管理规定,组织提出合同外项目工作委托书并负责完成相应手续。

(3)负责具体落实设计变更及现场签证管理要求,组织设计变更与现场签证方案的预审查;负责设计变更单、签证单的审核、催办与上报等管理流程;负责具体落实设计变更及现场签证的监督检查和文件归档等工作。

(4)负责组织开展工程施工及监理合同现场结算审核工作。安排监理、施工及设计单位依照施工图设计进度,对施工合同工程量清单项目的实际完成工程量进行审核确认。

(5)在工程总体结算审核中,负责收集并检查施工、监理与设计提供的结算申报及审核资料,提出业主项目部竣工结算预审核报告。

(6)负责施工及监理单位的过程考核评分工作,在正式结算阶段,向公司造价管理部门提交建设全过程评分记录。

(7)按照国网直流部提出的结算工作安排,配合工程投资结算审核及工程审计工作。

(8)负责完成自行主办及执行的其他类型合同竣工结算工作,并在工程投资结算编制阶段，根据建管单位造价管理部门通知提交相应的合同预结算信息。

（9）负责提出对各相关工程承包人基本评价考核意见。

2. 工程管理部门

建设管理单位设立工程管理部门，负责工程施工图设计管理，负责建筑、结构、电气等各专业技术管理与安全、质量管理措施的落实，此外还负责工程建设综合管理及协调、工程相关培训、组织工程建设检查考核等各项工作。

在工程造价管理工作中承担的各项职责如下：

（1）负责组织建设管理单位负责签订的工程监理合同预结算审核工作，提出工程监理合同预结算审核报告，向建设管理单位领导提出工作签报。

（2）参加工程施工合同预结算审核工作会，对业主项目部建议进入工程结算范围的各类费用项目提出审核意见，并负责就拟计入结算范围中的重大费用调整项目向国网直流部报告并征求意见。

（3）工程正式投运后，负责组织开展监理、施工合同考核金核算及监理费用预结算等工作，提出监理合同结算审核报告，向建设管理单位领导提出工作签报。

（4）负责审核一般设计变更、单项设计变更投资增减额低于 50 万元的重大设计变更及各现场签证的审核认定。

（5）负责提出对各相关工程承包人总体评价考核意见。

3. 造价管理部门

建设管理单位设立造价管理部门，负责工程设计变更与现场签证管理，负责规范工程进度款管理程序并参与审核各项进度款支付依据资料，负责牵头管理工程施工合同竣工预结算，编制预结算审核报告。联系国网直流部相关部门，组织开展工程造价管理相关工作。

在工程造价管理工作中承担的各项职责如下：

（1）负责建设管理范围内直流工程项目竣工预结算管理工作。制定结算工作计划、明确编制与审核工作要求、提出单项工程造价管理工作策划，协调解决结算工作中出现的重大问题，指导并负责考核业主项目部现场结算预审核工作。

（2）牵头组织并指导工程施工承包合同执行过程中各个阶段的预结算管理工作；负责审核业主项目部提交的工程竣工结算预审核报告；编制完成各施工承包合同的预结算审核报告。

（3）配合工程管理部门开展公司建设管理项目的工程监理合同预结算管理工作，从工程技经专业角度提出监理合同费用调整意见。

（4）负责收集并汇总整理公司执行的各类工程合同、总部相关部门及物资合同的预结算信息，编制工程投资结算报告。

（5）定期开展对业主项目部施工合同过程结算监督、检查工作，抽查现场结算工程量核算、核查清单项目调整、检查变更办理等情况，根据检查情况提出整改意见、发出工作联系单，跟踪后续整改情况、完成闭环管理。

（6）负责建管范围内直流工程设计变更及签证日常管理。负责组织改变初设原则的设计变更项目以及单项设计变更投资增减额 50 万元及以上的重大设计变更项目预审，并报国网直流部进行评审。负责审核确认现场签证及一般设计变更、单项设计变更投资增减额低于 50 万元的重大设计变更项目。设计变更经批准后，负责将评审意见传达到各相关部门及单位，并负责相关文件资料归档工作。

1.2.3 工程运行管理单位

根据国网公司安排，确定各工程的运行管理单位，负责工程建成后的运行管理，负责组织工程大修、技改以及日常运行维护工作。

在工程正式投运前负责按照国网公司安排，以降低工程全寿命周期成本为目标对工程建设提出意见，配合工程建设管理单位按照经审核确定的建设目标开展工作。

在工程竣工验收阶段，按照国网公司基建及运行检修管理制度提出验收意见，并负责签署工程验收证明文件。

1.2.4 参建单位

1. 工程设计单位

负责在提交施工图资料后 15 天内，按照工程招标资料中确定的工程量计算规定，提交相应施工图资料的工程量计算结果电子版资料，并随邮件发送至施工、监理单位沟通确认。

按照国网公司提出设计变更管理要求及工程实施情况，及时提出设计变更资料，跟踪各变更项目的审核流转，回复各审核单位提出的问题。

根据提出的设计工程量计算文件，按照前述各类结算工作流程，与施工、监理单位共同核算各清单项目施工工程量。

在工程总体结算审核中，按照工程造价标准化管理要求，提出相应的工程量清单项目设计工程量对比表，以及与工程设计工作有关的结算事项专项设计说明、设计审核意见。

2. 工程监理单位

组织相关单位及时办理完成设计变更、现场签证相关申报、审核手续。对设计、施工单位提出的工程变更或现场签证项目提出费用、方案及结算审核意见。

负责对施工单位及设计单位提交的施工工程量核算资料进行审核，提出预结算工程量。

及时组织重大结算调整项目的基础资料准备工作，提出相关费用与工程量核定的书面意见。

在工程总体结算审核中，按照工程造价标准化管理要求，提出竣工预结算监理审核报告，其中对于施工单位提出的各项清单结算项目，以及单独计列的结算费用项目应明确专项审核意见。

3. 工程施工单位

负责按照本标准化造价管控方案要求，及时开展施工图资料审核，按照工程承包合同中确定的工程量计算规定及施工图交付进度，提交施工图工程量核算表等基础资料，编制分阶段结算申报报告；按时完成与自身承包范围相关的设计变更审核，根据工作实施情况及时办理现场签证，并按要求提交相关变更或签证工程量的核算表；按照真实性、准确性、完整性的工作要求，在建设过程中及时梳理、组织各项结算基础申报资料。

根据建管单位发出的预结算工作安排通知，以及本标准化造价管控方案附件提出的资料内容及格式要求，按时完成并提交工程竣工总体结算报告。报告中如申报有单独计列的结算费用项目，且涉及工程建设过程中办理的工程变更或现场签证项目资料的，在提交总体结算报告前应完成相关审核手续，并将相关资料列入总体结算报告中作为竣工结算基础支撑资料一并提供。

1.2.5　工程造价咨询单位

由国网直流部委托的工程造价咨询单位是工程结算审核单位，负责对建管单位提交的工程竣工预结算报告进行审核，对工程中施工、物资供应等各类合同的结算资料编制以及结算额的确定提出审核报告。按照国家法律法规以及建管单位技经管理部门提出的管理规定，就直流工程依法合规建设等提出工作建议，参与工程全过程预结算管理相关工作。

由建设管理单位委托的工程造价咨询单位是工程预结算审核服务单位，负责协助业主项目部及工程造价管理部门开展工程建设过程中的造价管理工作，审核各参建单位提交的与合同费用调整及合同结算相关的基础资料，编制工程预结算报告。具体职责包括：负责安排专业人员进驻施工现场，协助工程业主项目部审核施工单位提出的结算工程量、补充综合单价、专项结算费用；负责从工程审计专业角度，对监理及设计单位提出的支撑性材料把关，提出整改意见；在工程业主项目部统一安排下，核查各期工程进度款资料，确保工程资金安全。

第2章　工程造价标准化管理流程

2.1 基建管控系统造价管理模块工作流程

基建管控系统造价管理模块按照业务类别分成三个版块：结算管理、变更与签证管理、工程进度款管理。主要功能介绍如下：

（1）结算管理版块是造价管理模块的主版块，主要功能为合同造价信息初始化（报价表和采购申请的基本信息导入、建立报价子项目与采购申请的关联）、施工图工程量填报和审核、新增项目的量价审核、变更与签证的量价填报，可以动态反映结算情况，如图2-1所示。

图 2-1　基建管控系统结算管理模块界面图

（2）变更与签证管理版块负责设计变更与现场签证的流转审核。启动和流转审核均要求按照要素填报，并提供了标准句式供参考，流转结束后打印的流转审核单呈现为通用制度标准格式。审核确定的工程量、价则由施工单位手动填报到结算管理版块中相应的报价子项目中，结算值动态调整；在结算模块主列表的变更单号一栏，监理和业主可以查询施工方是否正确填报。各项变更办理情况即时自动汇总到变更月报表。业务一旦启动，系统会根据流程自动向下一角色发出待办，如未处理完毕，则待办持续显示，如图 2-2 所示。

图 2-2　基建管控系统变更与签证管理模块界面图

（3）工程进度款管理版块负责已完工工程量填报。当业主项目部负责人点击工程量审定后，则对该部分工程量可以进行进度款申报。变更与签证工程量、新增工程量，均需完成变更及签证流转和工程量审定后，方可参与进度款申报。各项目进度款自动按照采购申请分类汇总，形成财务要求的付款申请表，如图 2-3 所示。

图 2-3　基建管控系统工程进度款管理模块界面图

三大版块涉及施工单位技经人员、设计方技经人员、监理工程师、业主项目经理、建管单位工程管理及造价管理部门专责等 6 个角色用户。各角色用户在各项功能中流程及任务详见附录 H。

2.2 工程款项支付工作流程

工程进度款管理是指在工程项目实施过程中，依据设计工程量，按照招标文件及合同中对价款结算的约定，根据工程实际施工进度、合同执行情况，通过"基建管控系统造价管理模块"对合同当期应支付工程价款的申报及审核的全过程工作，最终转换生成符合 ERP 系统 WBS 架构格式的价款支付表。

主要流程：合同签订→工程合同各报价子项与 ERP 系统中对应采购订单的相关采购申请进行关联→工程量审定→工程进度款价款申报→工程进度款价款审核→生成价款支付表→文件归档→工程进度款价款支付环节，工作流程详见附录 A。

2.3 工程设计变更与现场签证管理流程

按照《国家电网公司输变电工程结算管理办法》及《国家电网公司输变电工程设计变更与现场签证管理办法》管理要求及施工合同约定，对于工程实施中发生的涉及合同费用调整的设计变更、现场签证，各相关单位通过"基建管控系统造价管理模块"完成申报、审核流程，并打印最终变更审批表，作为合同结算、存档的依据性资料。根据不同变更类别，所适用的管理流程详见附录 B、附录 C。

业主项目部是工程变更管理工作的现场组织实施者，组织、协调现场变更管理工作的开展。包括基础资料的收集、审核并监督、检查设计、施工单位及时、规范发起变更流转。按照建管单位造价管理部门变更过程检查会议纪要要求、工作联系单等，组织工程变更问题整改。

建管单位工程管理、造价管理部门对工程变更管理定期开展监督、检查工作，检查现场变更发生、办理情况，对发现问题提出整改意见、发出工作联系单，跟踪后续整改情况、完成闭环管理，对现场发起的工程变更项进行审核。发布工程变更管理情况月度通报，向国网直流部报告工程变更情况。

2.4 工程预结算管理流程

建管单位的工程预结算管理工作，主要指对施工承包合同在工程建设实施阶段开展的分阶段结算工作，以及工程完工移交阶段开展的工程总体结算工作。完整的竣工预结算工作流程详见附录 D。

2.4.1 分阶段预结算主要工作内容

主要工作内容共分为七个步骤，如图 2-4 所示。

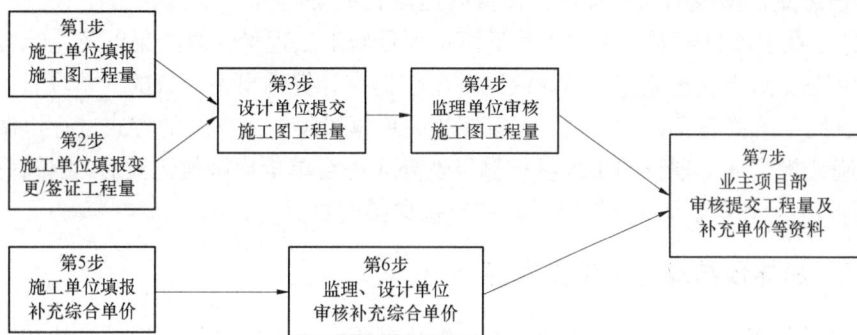

图 2-4 分步预结算工作步骤图

第一步，施工单位根据收到的施工图资料，计算所涉及工程量清单项目的具体施工图工程量，将计算结果填入以工程量清单项目为基础的工程分阶段结算申报表中。如有在原招标工程量清单没有提供的项目需要在该主表中补充增加的，由施工单位在工程分阶段结算申报表中，选择相应分部工程节点，插行增加报价子项目的序号、项目编码、项目名称、项目特征以及单位等信息。

第二步，在项目实施过程中，如果出现了因设计变更原因或需要用现场签证方式体现的调整（增加/减少）工程量，待变更及签证手续完成后，由施工单位负责根据会签结果，确认相应的变更或签证单据编号，再将相应的变更或签证工程量填入工程分阶段结算申报表中的结算工程量栏内，变更或签证工程量不应与施工图工程量合并填报，应在相应清单项目下插行增加与原清单项目名称及特征相同的项目后，单独填报。同时在新增行的"备注"栏内，填列变更或签证单据编号，以说明其填报依据。

第三步，设计单位根据提交的施工图资料，核算设计施工图工程量，根据完成签署的设计变更单或现场签证单，核算变更或签证工程量，根据设计工程量核算意见编制结算工程量对比表，将各单位工程招标工程量清单项目的项目名称与特征、招标工程量、施工图工程量及设计变更工程量在对比表中填列。

第四步，监理单位对收到的施工单位及设计单位提交资料进行审核，如确认收到资料中所列清单项目信息或工程量有误的，应在监理单位审核报告中逐项说明，同时提出正确的审核意见，形成书面监理审核报告后提交业主项目部。

第五步，施工单位申报增补项目补充综合单价。对于原招标工程量清单没有提供的项目需要补充增加的，施工单位在工程分阶段结算申报表中相应分部工程节点，插行增加报价子项目的相关信息后，应同时提交补充综合单价的核算意见及支撑资料。如施工单位申报的补充综合单价是直接采用原工程量清单项目中相同项目单价，或在同类清单项目综合单价的基础上调整使用的，应在工程分阶段结算申报表中说明参照项目编码及调整计算原则。如增补项目无法对应找到原工程量清单中相同或同类项目，需重新组价核算补充综合单价的，应在工程分阶段结算申报报告中提供相关补充综合单价的计算依据、计算过程以及必要的说明等支撑资料。

第六步，监理、设计单位对收到的各增补清单项目的补充综合单价进行复核，如确认所填入的补充综合单价计算有误的，应在监理、设计单位审核报告中逐项说明，同时提出正确的审核意见，形成书面监理审核报告后提交业主项目部。

第七步，业主项目部对收到的工程量清单项目施工工程量计算结果以及充综合单价申报值进行审核，重点梳理施工、设计或监理单位提交计算结果不一致的清单项目。对于存在差异，且经了解尚有争议的项目，应组织相关单位以集中工作会的方式进行协调并重新确认。经确认提交清单项目的工程量核算以及补充综合单价申报值无误后，编制业主项目部审核报告，经建设管理单位批准后，统一报送国网直流建设部。

2.4.2 总体预结算主要工作内容

总体预结算工作的具体工作内容包括：汇总过程结算中完成的工程量及补充综合单价审核资料，整理提出分部分项工程量清单项目和其他工程量清单项目的结算审核意见，并对施工承包单位在结算申报资料中计列的其他结算调整项目进行审核确认，提出总体预结算审核报告。具体工作流程详见附录 D～附录 H。

主要工作内容共分为六个步骤，如图 2-5 所示。

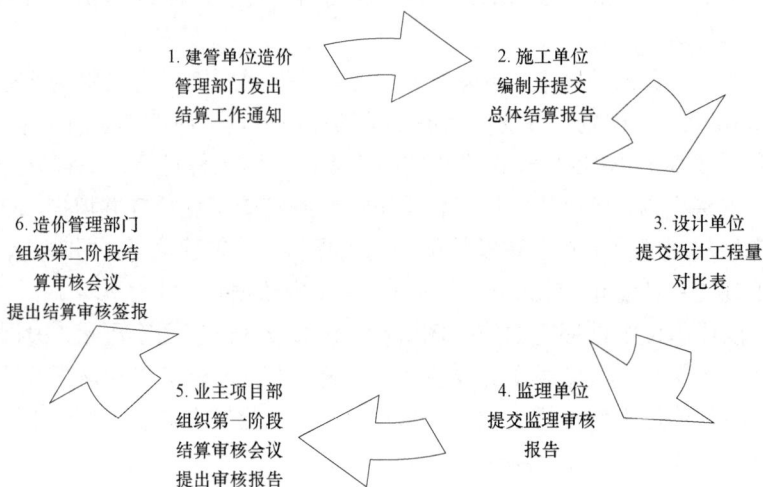

图 2-5　总体预结算工作步骤图

第一步，建管单位造价管理部门负责根据工程总体进展情况，适时以书面通知的方式提出工程总体结算工作安排（以下简称"结算工作通知"），明确总体结算资料的编制、提交以及审核等方面的工作要求及时间要求。

第二步，施工单位根据相关造价管理规定附件中明确的相应资料编制及格式规定，按时提交工程总体竣工结算书。结算书中需包含以施工单位签署承包合同一级的行政主体单位出具的正式结算申报文件，其中应列明结算申报范围以及结算总额。结算书需分别向监理单位、设计单位、业主项目部及建管单位造价管理部门提交，其中涉及设计变更单、现场签证单、工作联系单及会议纪要的，应提供原件一份，列入工程总体竣工结算书的正本中，交建管单位造价管理部门。总体竣工结算书副本中，设计变更单、现场签证单、工作联系单及会议纪要可提供复印件或影印件。

第三步，设计单位负责根据相关造价管理规定附件中明确的相应资料编制及格式规定，按照不同标包施工承包合同口径，分别提供设计工程量对比表。另还应对结算范围内出现的与设计方案有关的重大结算调整项目出具专项施工图预算，对因招标提资与施工图设计存在较大差异、工程量清单项目特征描述出现重大变化、清单项目结算总额较概算同口径费用差异明显等情况，出具设计专项说明文件，作为结算审核的依据。

第四步，监理单位负责全面审核施工单位提交的工程总体结算报告，并根据相关造价管理规定附件中明确的相应资料编制及格式规定，向业主项目部提供书面审核报告。报告中应对施工单位提出的以现场签证为主要依据计列的结算工程量提出审核确认意见，还应对总体结算报告中单独计列的结算调整费用项目提出审核意见。

第五步，业主项目部负责采用集中工作或组织召开第一阶段工程预结算审核会的方式，全面审核施工、监理及设计单位提交的工程总体结算相关资料，并根据相关造价管理规定附件中明确的相应资料编制及格式规定，向建管单位造价管理部门提供书面审核报告。

第六步，工程建管单位造价管理部门针对业主项目部结算预审核报告，负责组织召开工程承包合同第二阶段预结算审核工作会，并根据会议审核提出的各项意见，督促各单位完善总体结算相关资料。完成上述工作后，建管单位造价管理部门负责起草工程竣工预结算审核报告，向公司领导签报。

第3章 工程造价标准化管理制度

（1）国家电网公司基建技经管理规定国网（〔基建/2〕175—2017）。

（2）国家电网公司输变电工程结算管理办法（国网〔基建/3〕114—2017）。

（3）国家电网公司输变电工程设计变更与现场签证管理办法（国网〔基建/3〕185—2017）。

（4）国网直流部关于进一步明确直流工程重大设计变更管理要求的通知（直流计划〔2017〕69号）。

（5）国家电网公司直流工程结算管理实施细则。

（6）国家电网公司直流建设分公司工程进度款申报和审核管理规定（直流〔基建〕A030—2015）。

（7）国家电网公司直流建设分公司特高压直流换流站工程造价管理工作策划（2015年）。

（8）国家电网公司特高压直流换流站本体建设管理委托协议。

（9）国家电网公司特高压直流输电工程建设管理纲要。

（10）国家电网公司直流建设分公司工程项目管理标准化文件。

（11）国家电网公司直流建设分公司相关的现场建设管理办法。

第4章 工程造价管理风险防控措施

工程变更与签证项目基础性资料管理措施

4.1.1 主要内容及分工

设计变更与现场签证项目的基础性支撑资料主要包括：

（1）说明施工措施与工艺的施工方案。

（2）说明现场施工简况的施工简图，如平面布置图、立面图、剖面图、运输路线图等。

（3）说明工程量和计算规则的施工纪录、工程量计算表、技术说明等。

（4）说明费用情况的满足合同费用调整原则的费用计算书。

（5）证明施工过程、反映施工细节和隐蔽施工内容的图片影像资料。

（6）证明签证事由、原因的工作联系单、会议纪要、往来函件。

（7）其他佐证材料，如证明特殊性冬季施工的气象资料、证明地方性价格的政府发文等。

凡由各单位自身出具的报告、方案、说明、计算文件等，应以原件形式提供；凡在签证中作为依据引用，但原件应移交档案或交财务的隐蔽工程施工纪录、发票、付款凭证等，以及出具的主体具有权威性的地方政府发文、标准、主管单位发文、会议纪要、协议书等，可以影印件或复印件形式提供。

4.1.2 管理措施及执行

1. 工作模式

工程变更与签证项目基础性资料是通过"基建管控系统"投资模块平台提供并经相关参建单位及建管单位层层审核，实现现场签证及设计变更标准化管理。

建管单位通过对施工单位建设过程评分、考核情况结算兑现、参建单位资信评价等，对工程变更与签证项目基础性资料提供质量进行考核评价。符合合同约定、提供资料满足管理要求的现场签证或设计变更审批表，方可列入施工承包合同竣工结算。

2. 职责分工

（1）造价咨询单位。参与工程造价过程管控，对于设计合同费用调整的工程变更与签证项目基础性资料情况等，线下提出书面审核意见作为建管单位工程变更与签证项目审核的依据之一。

（2）业主项目部。按照合同约定及国网公司相关管理制度、规定，并参照造价咨询单位意见，对各项工程变更与签证项目提出审核意见，对于基础资料不完整、不规范、审核意见不明确、超时限办理、不符合合同约定的变更项目，决定是否继续办理或退回相关单位重新补充完善资料。并通过合同约定的建设过程考核，对施工、监理单位履约情况进行打分；记录对设计单位变更办理履约工作质量，通过后续工程设计招标、资信评价进行考评。上报月度设计变更、现场签证台账，发布工作通报，对变更办理严重滞后、提供资料质量欠佳的单位纳入过程考核。

（3）建管单位各相关部门。按照合同约定及国网公司相关管理制度、规定并参照造价咨询单位意见，审核各项涉及合同费用调整的工程变更与签证项目，对于变更项目基础资料不完整、不规范、审核意见不明确、超时限办理、不符合合同约定的变更项，终止办理变更审核或退回相关单位重新补充资料。通过季度造价工作协调，对参建单位变更项目基础资料提供质量提出评价意见。

（4）国网直流部。根据各工程建管协议，组织各重大工程设计变更项目审核，通过参建单位资信评价，对各单位造价管理工作进行考评。

4.2 工程结算工程量审核措施

4.2.1 主要内容及分工

工程结算工程量主要包括施工图纸工程量、完成审核的设计变更及现场签证工程量等，是工程进度款支付、合同结算的依据性资料。业主项目部组织参建单位对工程结算工程量进行现场审核，并由施工、监理、设计及业主项目部四方签字确认；造价咨询单位依据服务合同对工程结算工程量提出书面审核意见；建管单位本部相关部门通过会审工程进度款支付、分阶段及总体结算等申请资料确认工程结算工程量。

4.2.2 管理措施及执行

（1）造价咨询单位。工程结算工程量审核是其服务合同约定的核心工作内容。由其指派专业造价工程师赴工程现场，协助各业主项目部根据图纸供应情况及时开展结算工程量核算、审核，提出书面审核意见作为建管单位工程结算工程量的审核依据之一。

（2）业主项目部。每月组织监理、设计、施工单位召开施工图工程量集中审核会，对施工图量进行分阶段集中审核，坚持以施工蓝图为基础审核工程量。施工单位编制工程量审核表提交设计、监理单位审核；设计单位对施工单位提供结算工程量的及时性、准确性、完整性、规范性进行审核并提出审核意见；监理单位对施工、设计完成的结算工程量进一步审核确认，对施工单位申报的结算工程量与实际完成工程量的准确性、完整性、一致性及与设计单位提供的结算工程量的匹配性进行进行审核，对现场签证工程量的准确性、完整性负责。业主项目部根据集中审核工作会意见、造价咨询单位审核意见等，提出审核报告，并经施工、设计、监理、业主项目部对审核的结算工程量审核表逐页签字盖章确认，作为施工单位工程进度款支付申请及工程结算申请的依据性资料。

（3）建管单位各相关部门。通过施工合同月度进度款支付申请审核、季度造价工作协调、工程阶段性及总体结算等，对工程结算工程量进行确认，对存在重大差异的项目，由归口管理部门及时组织会议进行最终审核确认。对参建单位结算工程量申报、审核工作质量提出评价意见；对业主项目部工程结算工程量现场组织办理工作，提出公司内部考评激励意见。

4.3　工程预结算费用审核多层级检查措施

对工程预结算费用审核采取多层级检查措施，是为了确保公司预结算工作依法合规、公平公正。各项调整内容严格依据合同约定，各项基础资料真实、规范，各相关单位申报、审核意见确切、完整。审核方式包括系统线上及线下纸质审核两种方式。

4.3.1　应用基建管控系统实现多层级管控

（1）实现图纸工程量的多层级会审。依据施工图纸出具时序，施工、设计及监理单位分别在系统中填报确认的图纸工程量，经业主项目部审核后作为工程进度款支付及预结算的依据。

（2）实现工程变更与签证项目的多层级会审。根据现场实施情况，施工、设计单位及时通过系统发起设计变更、现场签证报审流程，施工、设计及监理单位分别提出申报、审核意见，业主项目部、建管单位技术及技经归口部门分别提出审核意见，完成涉及合同费用调整的一般变更审核，重大变更项目报送国网直流部进行审批。

（3）实现新增项目综合单价的多层级会审。根据合同约定的工程量清单新增项目结算条款规定，施工单位通过系统提出新增项目结算单价申请并附支撑资料，设计及监理单位分别在系统中填报审核意见，业主项目部、建管单位技经归口部门分别提出审核意见，完成新增项目单价的多层级审核，审定单价应用于后续预结算中。

4.3.2　开展造价过程管控实现精益化管理

（1）工程实施中，造价管理部门定期组织业主项目部、参建单位开展现场造价管理协调工作，及时了解掌握合同执行、工程量测量、工程变更情况，提出改进、整改措施，完成闭环管理。

（2）对涉及合同费用调整的重点、难点问题，建管单位技经归口部门及时组织专项协调会，研究提出解决办法并组织实施，重大变更项目及时报送国网直流部。

（3）按期开展工程阶段性结算工作，按照技经两级管控工作模式，业主项目部负责组织现场参建单位开展审核工作，提出预结算审核报告；建管单位技术、技经、财务等归口部门审核业主项目部提交的预结算审核报告报公司领导批准后上报国网直流部，实现单项工程预结算分工负责，相互配合、层层把关。

（4）发挥各单位技经专业团队作用，通过开展结算审核的集中工作、专项协调，专家组对业主项目部预结算工作提供支撑，提高现场工作效率、工作质量，有效防范风险。

4.3.3 委派第三方造价咨询机构实现专业管控

委派第三方造价咨询机构参与工程全过程造价管理，充分发挥其专业特长，对于结算工程量、新增清单项目单价、工程变更审核、各项结算调整项目及时提出详尽的审核意见供业主项目部、建管单位相关部门进行参照。

4.4 工程技经专业培训工作管理措施

特高压直流工程规模大、投资总额高，加强直流输电工程造价管控及投资控制工作，努力提升工程建设效益，是工程技经专业人员承担的重要职责。结合工程建设中的实际需求与建设管理要求，积极开展工程技经专业培训是大力提升工程技经专业队伍业务水平、专业素质，全面贯彻国网公司提出的加强电网建设造价控制、提质增效、严控建设成本的要求的重要措施。

4.4.1 技经专业培训对象

特高压直流工程各参建单位中，技经专业人员总量有限，仅靠各单位技经专业人员来推动工程造价管控等工作是不够的，必须将工程造价管控的理念落实到各个专业的具体工作中，从源头把好变更与签证、基础资料编制、调整费用审核等各个环节的工作质量关。在组织技经专业培训时，坚持面向各个建设管理专业，将各参建单位项目经理以及技术、安全、质量、协调、造价等专业人员均纳入重点培训范围。促使各建设管理专业人员都能认识到严控工程建设成本、提升工程造价管理水平要从自身工作做起，树立起"控制工程造价、人人有责"的责任意识，推进特高压直流工程造价管理水平不断提升。

4.4.2 各层级技经专业培训内容

国网直流部负责工程项目投资、策划及建设实施等管理工作，与各建管单位签署建设管理委托协议，明确各方的职责与工作界面。主要负责对各建管单位技经专业人员开展培训，宣贯国网公司提出的各项技经专业管理规定与通用制度，邀请外部专家，介绍电力行业工程造价管理部门出台的最新计价规定及依据等标准文件。

各工程建管单位负责施工及其他类型承包合同竣工结算管理。主要负责对单位内工程管理、结算管理等部门人员，以及业主项目部项目经理以及技术、安全、质量、协调、造价等专责人员开展技经专业培训，宣贯国网公司直流部等部门出台的工程技经专业管理规定与通用制度，重点介绍工程设计变更与现场签证、竣工结算等工作管理要求，选取技经专业工作中具有典型性、代表性的专项费用开展技经工作专题培训。

各工程业主项目部负责具体工程现场管理相关工作，负责对各工程监理、施工、设计、物资供应等参建单位项目经理以及技术、造价等专责人员开展技经专业培训，宣贯国网公司及建管单位出台的技经专业相关管理规定与通用制度，重点介绍与工程造价管控有关的各项工作要求与流程，具体包括工程预付款与进度款的支付手续与流程、工程变更与签证办理的工作要求与流程、竣工结算资料编制与审核工作要求与流程等。明确工程造价管理规范性工作报告及工作表格编制方法、基础性支撑材料的收集需求与提交方式等。

4.4.3　技经专业培训时间安排

根据培训目的与培训组织单位的不同,可将技经专业培训分为常规技经专业培训与对应具体工程技经工作培训两类。

常规技经专业培训通常为年度性的工作,由培训组织单位根据年度工作安排,选择各参培单位专业人员工作压力相对较小的时间段安排开展培训,通常国网直流部与各建管单位组织的技经专业培训即属此类培训,具体培训主要以学习专业知识,了解最新的技经专业管理规定及标准为主。

对应具体工程技经工作培训则是在各专业工程开工前,对应具体工程造价管理要求,组织开展的培训工作,由各业主项目部组织的技经专业培训即属此类培训,具体培训主要以掌握直流工程建设过程中技经工作流程、工作资料编制与审核等方面的具体要求为主。

附录 A 工程进度款申报及审核工作流程

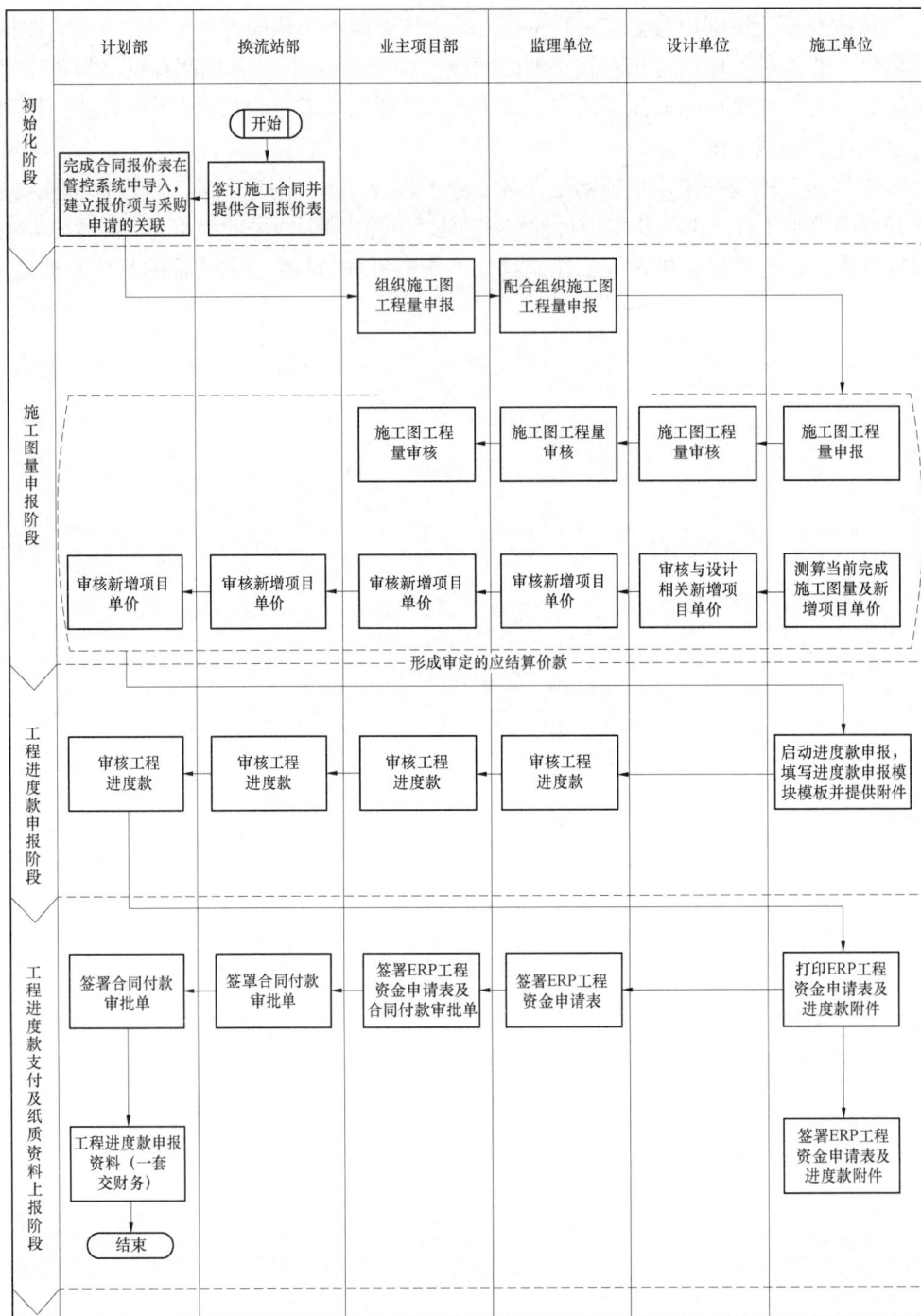

	计划部	换流站部	业主项目部	监理单位	设计单位	施工单位
初始化阶段	完成合同报价表在管控系统中导入，建立报价项与采购申请的关联	开始 签订施工合同并提供合同报价表				
施工图量申报阶段			组织施工图工程量申报	配合组织施工图工程量申报		
		施工图工程量审核	施工图工程量审核	施工图工程量审核	施工图工程量审核	施工图工程量申报
	审核新增项目单价	审核新增项目单价	审核新增项目单价	审核新增项目单价	审核与设计相关新增项目单价	测算当前完成施工图量及新增项目单价
			—————— 形成审定的应结算价款 ——————			
工程进度款申报阶段	审核工程进度款	审核工程进度款	审核工程进度款	审核工程进度款		启动进度款申报，填写进度款申报模块模板并提供附件
工程进度款支付及纸质资料上报阶段	签署合同付款审批单	签罩合同付款审批单	签署ERP工程资金申请表及合同付款审批单	签署ERP工程资金申请表		打印ERP工程资金申请表及进度款附件
	工程进度款申报资料（一套交财务）					签署ERP工程资金申请表及进度款附件
	结束					

附录 B 工程设计变更管理流程

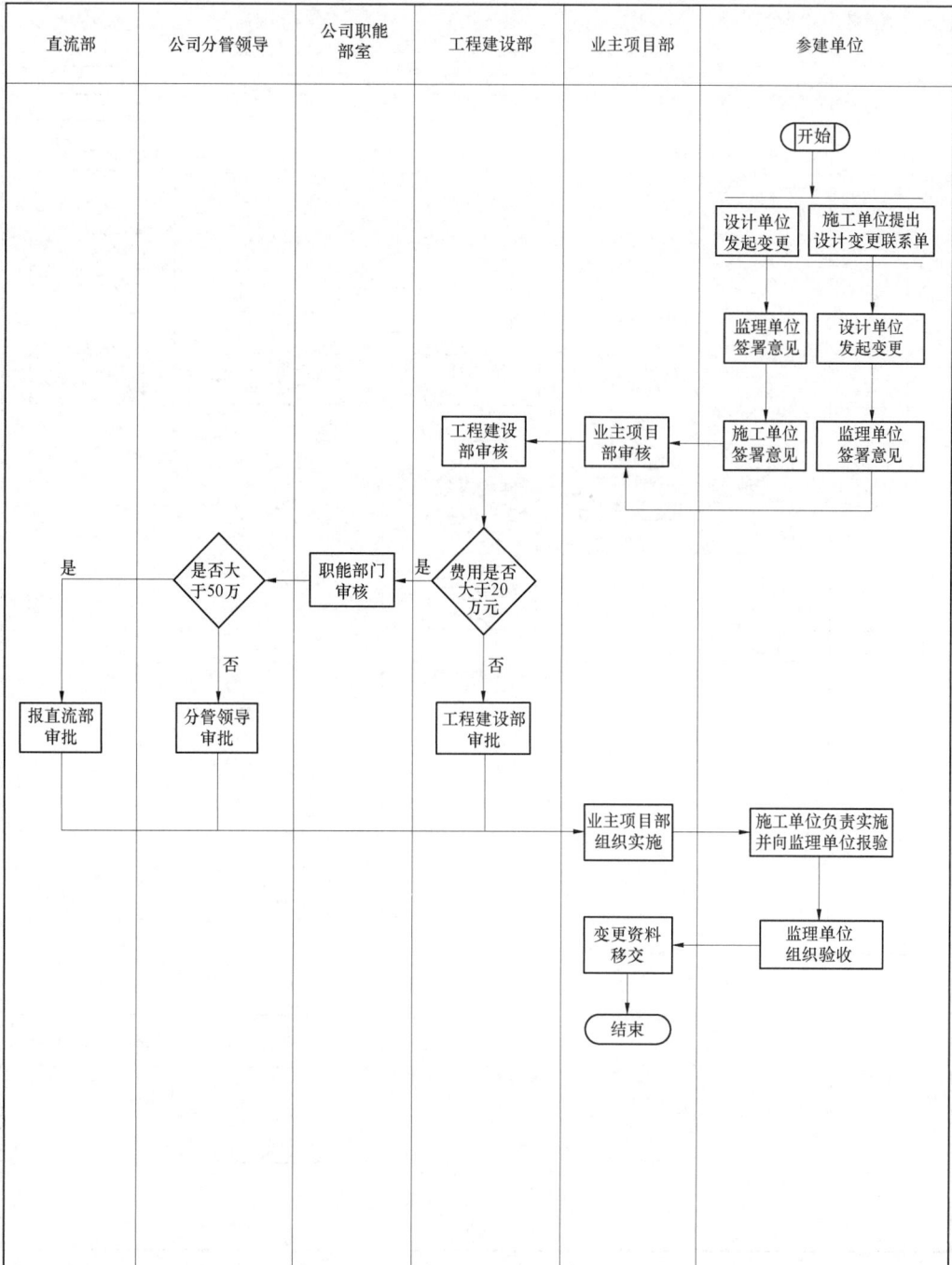

直流部	公司分管领导	公司职能部室	工程建设部	业主项目部	参建单位

```
                                                                        ┌────────┐
                                                                        │  开始  │
                                                                        └────────┘
                                                            ┌──────────┐      ┌──────────────┐
                                                            │设计单位  │      │施工单位提出  │
                                                            │发起变更  │      │设计变更联系单│
                                                            └──────────┘      └──────────────┘
                                                            ┌──────────┐      ┌──────────┐
                                                            │监理单位  │      │设计单位  │
                                                            │签署意见  │      │发起变更  │
                                                            └──────────┘      └──────────┘
                                        ┌──────────┐  ┌──────────┐  ┌──────────┐  ┌──────────┐
                                        │工程建设  │  │业主项目  │  │施工单位  │  │监理单位  │
                                        │部审核    │  │部审核    │  │签署意见  │  │签署意见  │
                                        └──────────┘  └──────────┘  └──────────┘  └──────────┘

        是      ◇是否大于◇  ┌──────┐ 是 ◇费用是否◇
    ─────────── ◇ 50万  ◇←─│职能部门│←──◇大于20   ◇
                ◇       ◇  │审核    │   ◇万元     ◇
                   否        └──────┘       否
    ┌────────┐  ┌────────┐              ┌────────┐
    │报直流部│  │分管领导│              │工程建设│
    │审批    │  │审批    │              │部审批  │
    └────────┘  └────────┘              └────────┘

                                        ┌──────────┐  ┌──────────────┐
                                        │业主项目部│  │施工单位负责实施│
                                        │组织实施  │  │并向监理单位报验│
                                        └──────────┘  └──────────────┘

                                        ┌────────┐    ┌──────────┐
                                        │变更资料│    │监理单位  │
                                        │移交    │    │组织验收  │
                                        └────────┘    └──────────┘

                                         ┌────────┐
                                         │  结束  │
                                         └────────┘
```

附录 C 工程现场签证管理流程

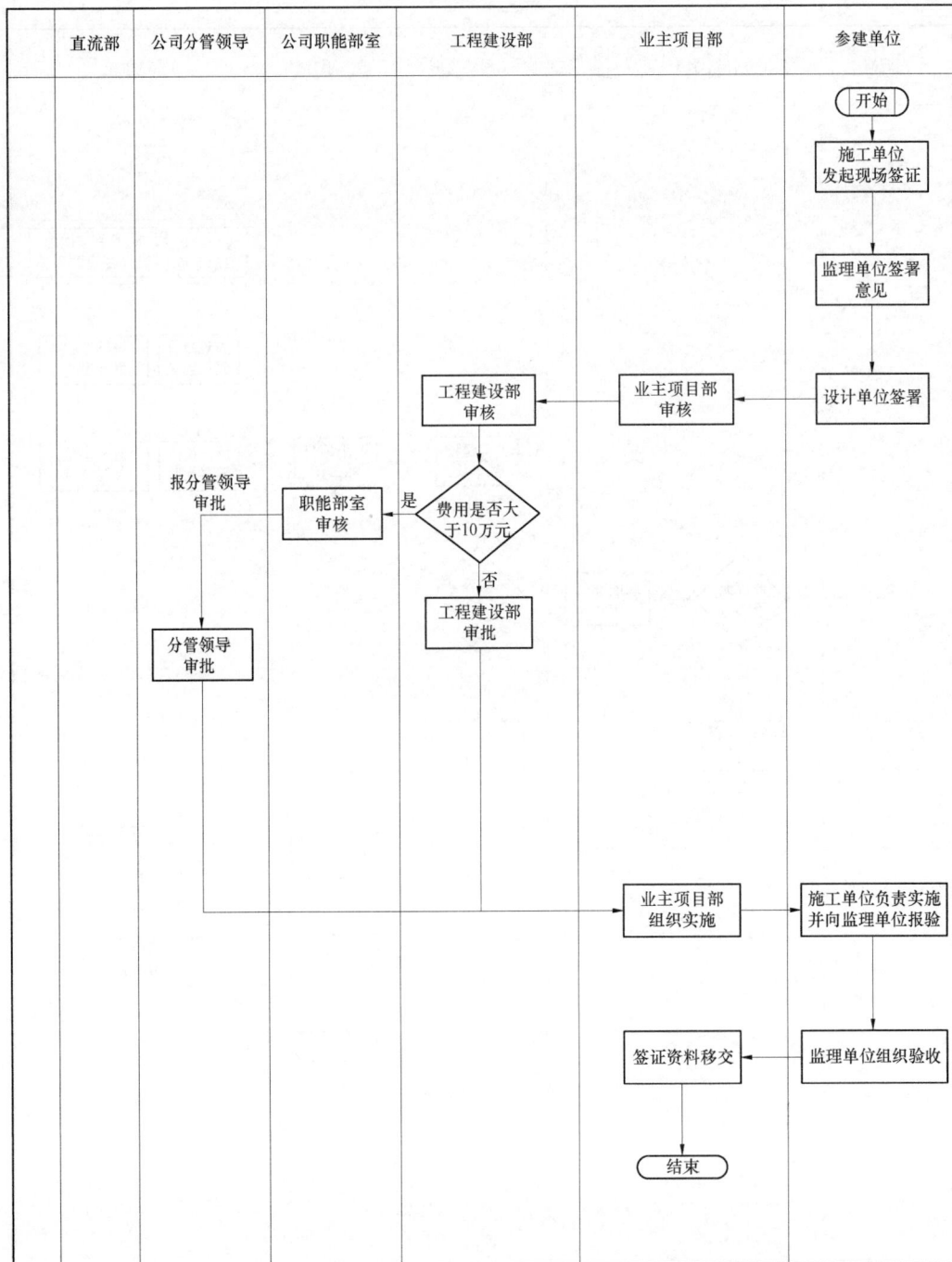

直流部	公司分管领导	公司职能部室	工程建设部	业主项目部	参建单位
					开始
					施工单位发起现场签证
					监理单位签署意见
			工程建设部审核	业主项目部审核	设计单位签署
	报分管领导审批	职能部室审核	费用是否大于10万元 是		
	分管领导审批		否 工程建设部审批		
				业主项目部组织实施	施工单位负责实施并向监理单位报验
				签证资料移交	监理单位组织验收
				结束	

附录 D　施工合同分阶段预结算及总体预结算工作流程

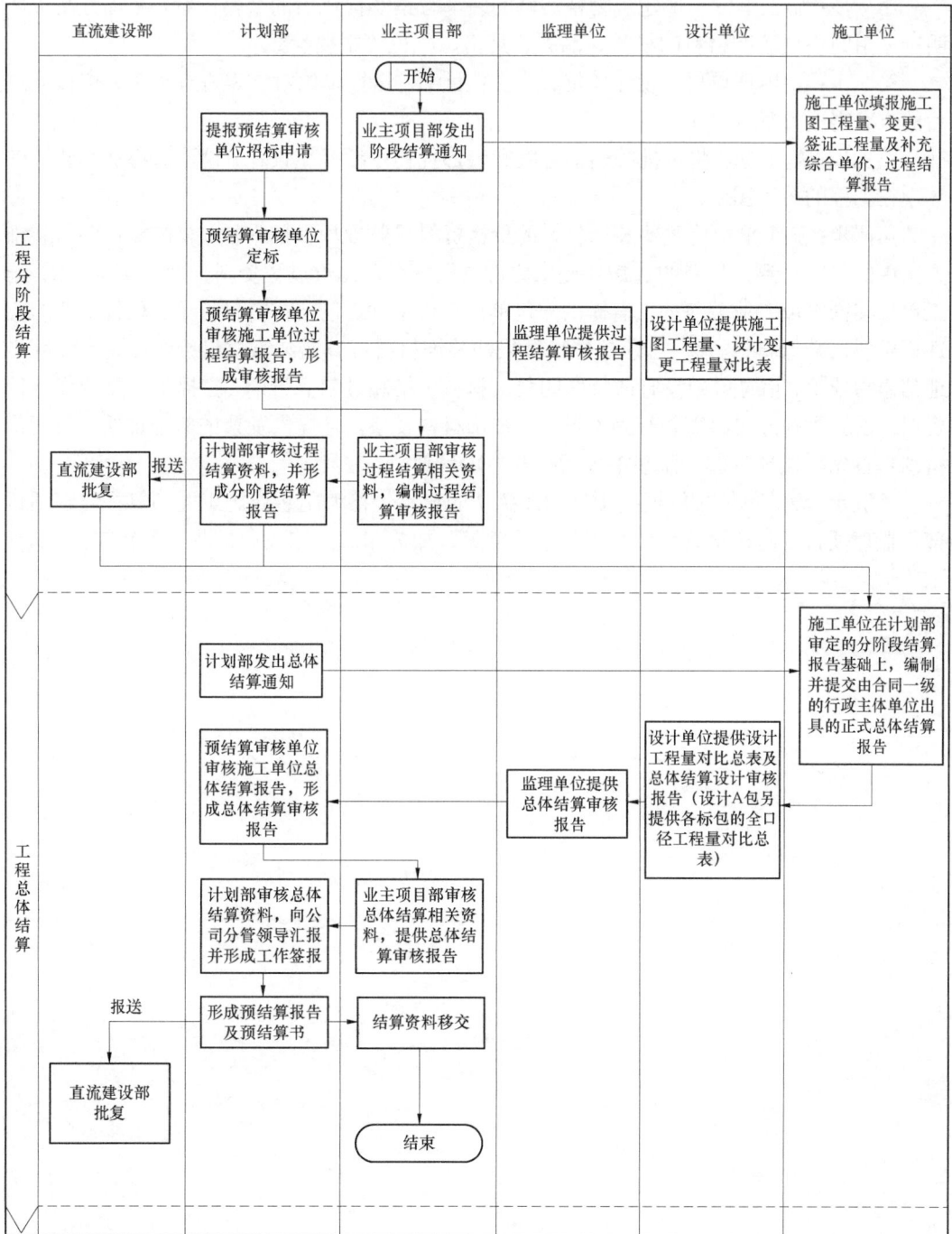

直流建设部	计划部	业主项目部	监理单位	设计单位	施工单位
		开始			施工单位填报施工图工程量、变更、签证工程量及补充综合单价、过程结算报告
	提报预结算审核单位招标申请	业主项目部发出阶段结算通知			
	预结算审核单位定标				
	预结算审核单位审核施工单位过程结算报告，形成审核报告		监理单位提供过程结算审核报告	设计单位提供施工图工程量、设计变更工程量对比表	
直流建设部批复 ←报送	计划部审核过程结算资料，并形成分阶段结算报告	业主项目部审核过程结算相关资料，编制过程结算审核报告			
	计划部发出总体结算通知				施工单位在计划部审定的分阶段结算报告基础上，编制并提交由合同一级的行政主体单位出具的正式总体结算报告
	预结算审核单位审核施工单位总体结算报告，形成总体结算审核报告		监理单位提供总体结算审核报告	设计单位提供设计工程量对比总表及总体结算设计审核报告（设计A包另提供各标包的全口径工程量对比总表）	
	计划部审核总体结算资料，向公司分管领导汇报并形成工作签报	业主项目部审核总体结算相关资料，提供总体结算审核报告			
直流建设部批复	报送→ 形成预结算报告及预结算书	结算资料移交			
		结束			

左侧纵向标注：工程分阶段结算 / 工程总体结算

附录 E 主要建筑物精装修预算编制程序

第一步：施工单位上报建筑物精装修的装饰方案及优化后的装修图纸，施工方案中要明确采用的主要装饰材料的材质、品牌、规格、颜色等主要参数。

第二步：由监理单位、设计单位、业主项目部、运行单位对方案进行评审，审核通过后的方案需五方确认签字。

第三步：施工单位将审批的装饰方案和装饰优化图纸提交设计，设计需将优化装饰图体现在工程的竣工图中。

第四步：施工单位将主要装饰材料的价格资料报监理项目部审核。装饰材料要与装饰方案中的材料一致，材料的选购要提供比价过程资料，比价过程资料分两种情况：① 施工单位装饰采取专业分包的，需提供分包单位竞价文件，包括材料报价单、总包单位的招评标资料、装饰材料。② 总包单位自行采购装饰材料：普通装饰材料价格原则上参照当地信息指导价，信息价中没有或特殊的装饰材料价格超过信息价的，需提供各供应商比价资料。以上两种方式都需要有确价过程，装饰材料发票，且提供发票的验证证明，材料价格清单首先报监理审核，监理审核后报业主项目部。

第五步：设计单位技经根据图纸和经确认的材料价格编制装修施工图预算报监理项目部，监理项目部对建筑物精装修出具审核意见，加盖印章，完成后报业主项目部。

附录 F　工作联系单办理程序

一、工作联系单作用

工作联系单作为现场签证的重要过程性支撑资料，主要用于土石方工程、隐蔽工程等施工周期较长，性质相同的签证确认；它的优点在于能及时、全面、真实地反映现场施工情况，便于监理、业主对现场签证事情的管控和确认。

二、工作联系单附件资料的要求

（1）施工简图。施工简图要能反映施工的部位，尺寸、深度等关键性因素，落款需施工项目部、监理项目部签字盖章证明该示意图是经过审核的。

（2）工程量计算书。计算式要清晰、准确，工程量由监理单位把关，并对计算书进行复合，落款需施工项目部、监理项目部签字盖章；如果监理对施工单位上报的工程量有异议，需将自己的计算过程体现在计算书上。

（3）施工照片。施工照片要真实反映现场实际情况，照片要有铭牌，反映工程名称、分部分项工程的部位、时间，落款需施工项目部、监理项目部签字盖章。

（4）涉及隐蔽换填工程，需要提供验槽记录复印件。

附录 G 安全文明施工费台账

名称：±1100kV 古泉换流站工程

序号	标包	单位名称	合同安全文明施工费	安措费审核明细			合计	累计支付比例	备注
				2016 年 10 月	2016 年 11 月	2016 年 12 月			
1	桩基 A 包	武汉南方岩土工程技术有限责任公司							
2	桩基 B 包	中冶集团武汉勘察研究院有限公司							
3	土建 A 包	安徽送变电工程公司							
4	土建 B 包	上海电力建筑工程公司							
5	土建 C 包	安徽电力建设第一工程有限公司							
6	电气 A 包	安徽送变电工程公司							
7	电气 B 包	黑龙江省送变电工程公司							
8	电气 C 包	辽宁省送变电工程公司							
9	调相机	上海电力建设有限责任公司							

1. 分阶段编制安全文明施工标准化设施报审计划，明确安全设施、安全防护用品和文明施工设施的种类、数量、使用区，将报审计划匹配到"古泉换流站安全文明施工费形象进度台账"中，做到先计划，后实施。建立"古泉换流站安全文明施工措施费台账"，应根据各自安全文明施工费实际使用情况如实申报。

2. 在实施过程中应认真落实《国家电网公司输变电工程安全文明施工标准化管理办法》（国网〔基建/3〕187—2015）和《国网基建部关于全面实施输变电工程安全文明施工设施标准化配置工作的通知》（基建安质〔2017〕2 号），对应"古泉换流站安全文明施工费实际进度台账"，提供相关票据复印件，安全文明标准化设施发放台账，全面真实反映安全文明施工费使用情况。

3. 应将进场的标准化设施报监理项目部和业主项目部审查验收，及时报审安全文明施工费。待监理、业主审核合格后，将与工程进度款同期支付。

附录 H　基建管控系统造价管理模块各角色用户任务分解表

功能分解		角色任务					
		施工	设计	监理	业主项目经理	换流站部	计划部
结算管理	报价导入	—	—	—	—	—	负责导入报价表，分总价承包和单价承包两种类型分别导入，保证序号完整，纯文本格式
	采购申请导入	—	—	—	—	提供给计划部本合同的采购申请列表	负责在进度款管理模块导入该合同的全部采购申请
	实现报价子项目和采购申请的关联	—	—	—	—	—	将报价子项目与采购申请实现关联
	施工图工程量填报	根据收到的施工图统计工程量，统计口径与招标口径一致，完成填报	施工方填报提交后，设计各方填报自身设计量				
	施工图工程量审核	—	—	审核施工方填报数量是否和设计数量一致，是否与招标口径一致	完成审定	—	—
	新增项目工程量填报	根据委托文件及图纸统计工程量	施工方填报提交后，设计各方填报自身设计量	—	—	—	—
	新增项目工程量审核	—	—	审核施工方填报数量是否和设计图纸一致，是否计算合理	完成审定	—	—
	新增项目单价填报	根据相关依据估算单价，线下提供依据，线上填报	—	—	—	—	
	新增项目单价审核	—	—	线下审核其计算依据，线上审核确认	线下审核其计算依据，线上审核确认	线下审核其计算依据，线上审核确认	完成审定
	关联新增项目子项到对应的采购申请	—	—	—	—	—	在单价审核时进行关联采购申请

续表

功能分解		角色任务					
		施工	设计	监理	业主项目经理	换流站部	计划部
结算管理	变更与签证的量价分摊到子项目	将已经完成流转审核的变更工程量分摊到相应报价子项目	—	通过挂接的变更单号查询原变更相关资料,验证审核其分摊情况	通过挂接的变更单号查询原变更相关资料,验证审核其分摊情况	通过挂接的变更单号查询原变更相关资料,验证审核其分摊情况	完成审定
	结束工程量	接到监理提醒后请立即清理工程量,如有遗漏须启动签证	—	当分部分项工程结束后,向施工方发出提醒	如无反馈,则点击结束工程量,变更和签证将无法再办理	—	—
变更管理	启动变更或现场签证	通过事件启动或直接在变更管理模块发起签证	通过事件启动或直接在变更管理模块发起设计变更	—	—	—	—
	审核变更或签证	校核变更数量	—	审核量价	审核量	审核量	审核价格并结束流程
进度款管理	填报实际完成工程量	只有经过填报并审定的工程量方可参与进度款申报	—	—	—	—	—
	审核实际完成工程量	—	—	审核施工方填报数量与实际完成是否相符	审核施工方填报数量与实际完成是否相符	审核施工方填报数量与实际完成是否相符,并审定	

第 2 部分

国网总部投资主体项目工程财务标准化管理

目　次

第1章 总　　则

1.1　目的

为规范国家电网公司投资、直流公司建管项目工程财务管理行为,遵循专业管理支撑、强化工程财务监督,理清界面、明确任务,加强与属地单位的分工协作、形成合力,深入推进基建财务集约化管理,强化财务管理标准化支撑、切实发挥风险防范职能,大力提高工程财务管理水平,达到精益化管理和高效应用。

1.2　适用范围

适用于国家电网公司总部投资、直流公司建设管理的工程项目。

适用于以"成熟套装软件""财务管控系统"为依托的工程财务管理工作。

1.3　制度参考

（1）国家电网公司会计核算办法2014。

（2）国家电网公司工程财务管理办法。

（3）国家电网公司资金管理办法》（国家电网公司资金集中支付管理细则）。

（4）国家电网公司工程竣工决算管理办法。

（5）国家电网公司工程全过程财务管理实施细则。

（6）国家电网公司关于特高压工程财务管理工作的指导意见。

（7）国家电网公司跨区跨省电网工程项目保险管理工作细则。

（8）国网直流公司 ERP 系统标准化操作规程。

1.4　全过程工程财务标准化管理内容

为确保总部直投直流项目建设的顺利进行,对工程投资预算管理、工程资金预算申请、工程资金支付申请和工程款拨付、工程财务核算管理、工程增值税管理、工程项目保险管理及工程项目竣工决算报告编制管理等内容做出具体的分析和阐述。

第2章 工程投资预算管理工作

工程投资预算是对投资计划进行的财务统筹，按照预算规则、成本标准、管控流程对工程做出财务资源安排，包括总投资预算和年度投资预算。工程投资预算管理通过投资管理模式的调整、成本标准的测定、管控流程的确定以及财务业务的协同，无缝衔接总投资和年度投资预算，将工程成本费用支出的总额和年度控制贯穿于工程管理全过程。

电网基建投资预算的编制流程是"二上二下"。每年11月左右，根据总部发展部、直流部下达的第二年项目计划，由各工程项目的建设管理单位在线下按输变电项目编制"电网基建工程成本费用预算表"，由直流公司汇总在财务管控系统中上传一上数据；第二年根据财务部下达的二下数，各建设管理单位将输变电项目分解为单项工程，线下编制当年的资金投资预算数，最后由直流公司在财务管控系统中备案。另外在每年10月根据各项目执行情况对投资预算数进行调整。

2.1 工作标准

公司实行"两上两下"的预算编制流程。结合本单位特点和相关业务计划安排，由基层单位和业务部门发起上报明细预算，财务部门汇总。

"一上"预算草案包括工资、折旧费、日常经费、技改项目、检修项目、科技、信息化、小型基建、固定资产零购等明细项目预算。财务部门应与相关业务部门沟通一致，确保预算草案中安排的相关业务预算内容、项目明细、金额等与业务部门上报的专项计划衔接一致，经总经理办公会议审查通过后，上报国网公司总部。

国网公司总部财务部根据国网公司总体预算目标安排和相关业务部门专项计划的审核情况，汇总形成国网公司预算草案，经国网公司党组会议审查、职工代表大会通过后，分解、下达各单位。

根据国网公司下达的预算方案，与相关业务部门沟通一致，调整、落实项目预算，按规定时间将"二上"预算方案通过预算编制平台上报国网公司总部审核备案。

2.2 业务流程

业务流程如表2-1所示。

表 2-1

国网总部投资主体项目全过程财务管理标准化研究方案

1. 工程投资预算管理流程

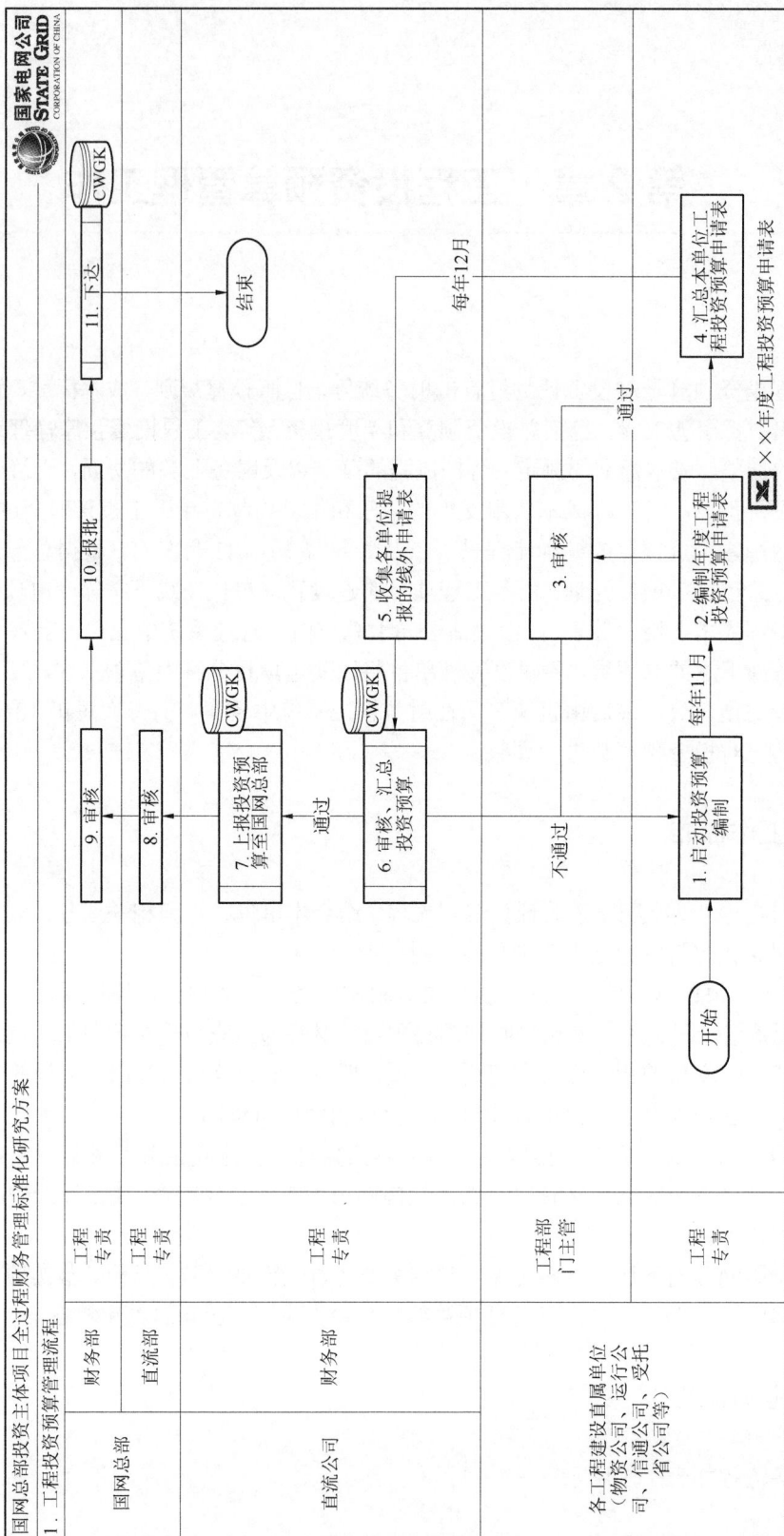

2.3 总部工作界面及直流公司岗位职责

总部工作界面及直流公司岗位职责如表 2-2 所示。

表 2-2 总部工作界面及直流公司岗位职责

序号	所属部门	关键岗位	关键业务	工作界面描述/职责说明	备注
1	总部财务部	工程专责	审核	在总部财务管控预算模块中审核直流公司提报的年度工程投资预算申请表	
2			报批	总部财务资产部对上报的预算与最初下达的预算进行对比分析,在认可各单位上报的预算编制结果后进行报批	
3			下达	下达预算结果至直流公司财务部	
4	总部直流部	工程专责	审核	线外审核直流公司提报的年度工程投资预算申请表	
5	直流公司财务部	工程专责	收集各单位提报的线外申请表	线外汇总收集各工程建设直属单位线外提报的工程投资预算申请表	
6			审核、汇总投资预算	按照招标文件及合同中对价款计算的约定,与总部财务部下达的预算指标进行匹配度核查,确认无误后在总部财务管控预算模块中编制投资预算	
7			上报投资预算至国网总部	在总部财务管控预算模块中,将工程投资预算情况上报至国网总部财务部	
8	各工程建设直属单位	工程专责	启动投资预算编制	根据总部财务资产部下达的预算指标,在相应预算框架内进行细化,分解落实到相关部门和具体项目,启动总部直投项目投资预算编制的工作	
9		工程专责	编制年度工程投资预算申请表	根据预算测算和分解结果,于每年 11 月底前形成的单项工程年度工程投资预算申请表,交由本单位项目部门主管进行审批	
10		工程部门主管	审核	对单项工程年度工程投资预算申请表进行审核会签	
11		工程专责	汇总本单位工程投资预算申请表	汇总形成本单位年度工程投资预算申请表,于每年 12 月底前线外传递至直流公司财务部	

2.4 风险管控

1. 风险描述

由于投资预算编制内容不准确、提报计划安排不合理、协议履行不到位等原因,未能严格执行公司下达的预算方案。

2. 控制描述

(1) 组织预算编制前与国网公司直流部、发展部进行充分沟通,以综合计划为基础,共同梳理限定应编制工程投资预算的项目范围。在编制过程中,采用"直流公司导入项目定义、各建管单位拆分单体工程"的方式进行。项目单位根据确定的项目范围编制单体工程。

（2）各建设管理单位在基建投资预算一上时按项目实施状态在财务管控系统内填报三张预算表单，同一项目状态的不同电压等级项目可编制在同一预算表单内。将各项稽核规则固化在投资预算表单导入模板 Excel 中，各项目单位编制预算时，Excel 文件按财务管控验证规则自动开展事前校验，共涉及 7 项数据规范性校验、11 项数据逻辑性验证、2 项管理数据准确性校验，确保在预算表单导入财务管控系统前，检查并杜绝逻辑关系错误、填报金额单位错误、数据留空等问题，有效降低后期预算表单导入财务管控环节的差错率，提高表单导入的质量和效率。

（3）在投资预算发布和执行控制后，结合项目实际情况，分类动态调整工程投资预算，规范费用超支调整的管理流程。当项目单位因基建项目预算控制无法在套装软件中执行业务操作时，首先区分预算调整对象属于总投资预算还是年度预算。超出总投资预算的物资收发货、服务确认和财务支出入账，单独触发投资预算调整流程；超出年度预算的物资挂料、采购订单创建、物资收发货、服务确认和财务支出入账，联合触发项目预算调整流程。

2.5 考核评价

财务部对管控方案中规定的此类业务活动进行检查与考核，考核内容如表 2-3 所示。

表 2-3　　　　　　　　　　　　　考 核 内 容

序号	考核内容	评价项目	评价指标	责任部门
1	工程投资预算管理	编制投资预算申请及时率	各工程建设直属单位未于每年 11 月底前形成的单项工程年度工程投资预算申请表，每次减指标分值	各工程建设直属单位
2		传递业务单据及时率	各工程建设直属单位未于每年 12 月底前将本单位年度工程投资预算申请表线外传递至直流公司财务部，每次减指标分值	各工程建设直属单位
3		报送预算申请及时率和投资预算准确率	财务部按照招标文件及合同中对价款计算的约定，未与总部财务部下达的预算指标进行匹配度核查，每次减指标分值；确认无误后，财务部收齐工程资金预算申请后 1 个月内没有在财务管控系统进行报送，每次减指标分值	财务部

第3章 工程资金预算申请工作

工程资金管理实行"本月申报、下月支付"的原则。财务部归口管理和统筹协调工程资金预算工作，负责审核各部门及单位月度工程资金预算，各部门及业主项目部按照分工申请本工程所执行合同的工程资金预算。

3.1 工作标准

（1）国网总部签订，由直流公司执行的合同以及国网总部委托物资公司、网省公司建管的合同：由国网总部、物资公司、网省公司自行办理工程资金预算申请。

（2）直流公司本部签订，由直流公司本部执行的合同：各合同执行部门（换流站部、物资监造部、安全质量部、总经部等）每月 18 日前向财务部项目工程专责提交《××月度工程资金支出预算申请表》（附录 A），上报本工程下月工程资金支付预算申请。

（3）直流公司本部签订，由业主项目部执行的合同：业主项目部按照合同履约情况和工程实际完成形象进度编报《××月度工程资金支出预算申请表》，并于每月 18 日前上报财务部项目工程专责。业主项目部技经专责将依据设计工程量，按照招标文件及合同中对价款计算的约定，根据工程现场实际施工进度，审核各施工单位工程进度款的申报金额，并对其准确性、有效性负责。

（4）预算审核和汇总上报。项目工程财务专责审核、汇总形成本单项工程下月资金支付预算，传递至财务部资金专责；由其汇总形成直流公司下月资金支付预算，通过"财务管控系统"汇总上报国网直流部、财务部审批。

3.2 业务流程

业务流程如表 3-1 所示。

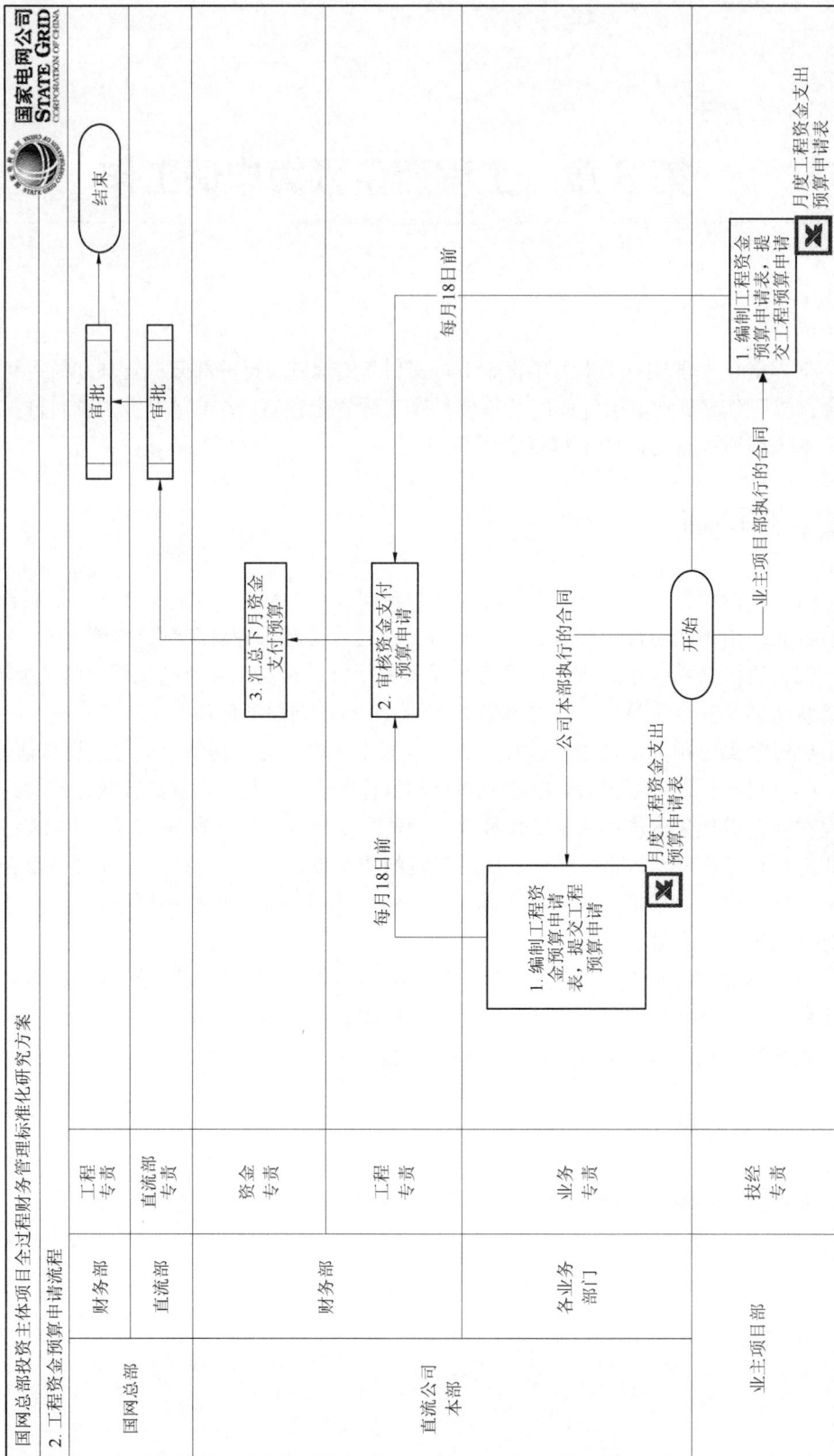

表3-1

国网总部投资主体项目全过程财务管理标准化研究方案

2. 工程资金预算申请流程

			业　务　流　程
国网总部	财务部	工程专责	审批 → 结束
	直流部	直流部专责	审批
直流公司本部	财务部	资金专责	3. 汇总下月资金支付预算
	各业务部门	工程专责	2. 审核资金支付预算申请 ← 每月18日前
		业务专责	开始 ← 公司本部执行的合同 月度工程资金支出预算申请表 1. 编制工程资金预算申请表，提交工程预算申请 每月18日前
业主项目部		投经专责	开始 ← 业主项目部执行的合同 月度工程资金支出预算申请表 1. 编制工程资金预算申请表，提交工程预算申请

3.3 总部工作界面及直流公司岗位职责

总部工作界面及直流公司岗位职责如表 3-2 所示。

表 3-2 总部工作界面及直流公司岗位职责

序号	所属部门	关键岗位	关键业务	工作界面描述/职责说明	备注
1	总部财务部	工程专责	资金预算审批	负责在审批直流公司提交的单项工程下月资金支付预算	
2	总部直流部	直流部专责	资金预算审批	负责在审批直流公司提交的单项工程下月资金支付预算，审批通过后提交至总部财务部	
3	直流公司财务部	资金专责	汇总下月资金支付预算	汇总形成下月资金支付预算，通过"财务管控系统"汇总上报国网直流部、财务部审批	
		工程专责	审核资金支付预算申请	负责审核、汇总工程下月资金支付预算，传递至财务部资金专责	
4	直流公司本部各业务部门	业务专责	提交工程预算申请	负责编制本部门月度工程资金支出预算申请表，在每月 18 日前向财务部项目工程专责提交	
5	直流公司业主项目部	技经专责	提交工程预算申请	负责编制本业主项目部月度工程资金支出预算申请表，在每月 18 日前上报财务部工程专责提交	

3.4 风险管控

1. 风险描述

由于资金申请方式不当、申请计划安排不合理、协议履行不到位等原因，造成不能满足或超出公司资金需求。

2. 控制描述

（1）加强全面预算管理，依据内控目标编制年度工程资本性支出预算，考虑增值税因素，合理安排工程建设资金，从成本口径和现金流口径全面构建工程资本性支出预算体系。以公司工程项目储备库为基础，按照轻重缓急确定年度投资工程项目并纳入工程资本性支出预算。工程资本性支出预算应细化到具体工程项目，不允许采取打包处理的方式。年度预算一经确定不得随意调整，执行中因客观条件变化需要调整的，按照公司全面预算管理规定执行。

（2）加强资金申请和计划安排审核，严格协议执行，提前沟通协调资金来源，保障公司资金需求。将工程其他费用纳入全面预算管理，规范开支渠道，明确开支范围，细化费用项目，做到真实合规计列、明细列示和清晰反映。

（3）严格执行工程资本性支出预算，确保有预算不超支、无预算不开支，对未列入工程资本性支出预算的工程项目不得安排招投标和支付资金。对于未纳入年度预算和月度预算但确需发生的预算外工程支出，应按规定履行审批程序后实施。会计核算方式要与预算管理相适应，对各类支出不仅要按财务科目进行归集，还要按具体工程进行归集，以便动态跟踪监控预算的执行情况。

3.5 考核评价

财务部对管控方案中规定的此类业务活动进行检查与考核，考核内容如表 3-3 所示。

表 3-3 考 核 内 容

序号	考核内容	评价项目	评 价 指 标	责任部门
1	工程资金预算申请	上报预算申请及时率	各业务部门未在申请月 18 日前上报工程资金预算申请，每次减指标分值	各业务部门
2		上报预算申请及时率	业主项目部未在申请月 18 日前上报本工程下月工程资金支付预算申请，每次减指标分值	业主项目部
3		报送预算申请及时率和操作资金预算准确率	财务部收齐工程资金预算申请后 2 天内没有在财务管控系统进行报送，每次减指标分值	财务部

第4章 工程资金支付申请和工程款的拨付工作

根据国网直流建设部、财务部审批下达的工程资金预算，财务部分别下达给各预算申请单位，各申请单位按照通过批复的资金预算督促合同乙方办理付款手续。

4.1 工作标准

（1）总部签订、直流公司执行付款的合同。对于总部签订并由直流公司执行的付款单据，每月汇总至总部财务部基建财务处，公司财务部负责取单。财务部项目工程专责填写合同付款审批单（附录 B），负责后续合同付款手续流转和公司分管领导的签批。

（2）直流公司本部签订并执行的合同。公司本部各业务部门按上月通过批复的资金预算申请，负责付款单据的收集（包括合同付款审批单、发票等付款支撑性材料），办理部门内部及会签部门付款手续签字流转，每月 18 日前将完成所有签字前期手续的单据传递给财务部项目工程专责。

（3）业主项目部所执行的施工、监理等合同。业主项目部所执行的施工、监理合同，由业主项目部发起纸质申请，付款资料完成现场相关签字流转后，需编制《××单项工程投资、拨付明细台账》（附录 C），每月 16 日前以电子表格形式提交本部财务部审核，并自行留存备查。财务部项目工程专责收集齐全该工程的付款单据后，审核签字签章的完整性，单价、总价的一致性等，负责办理公司内部会签手续。本部工程管理部门（换流站管理部、线路部）对订单执行的正确性和手续的完整性负责，计划部将工程进度款的结算金额与工程现场实际进度是否相符合，并核查与资金年度计划和季度用款计划的匹配度负责。

（4）支付申请汇总。

1）直流公司执行的合同。财务部项目工程专责按照总部下达的预算，对当月收到的工程付款业务原始凭证及相关资料进行审核，审核通过后在"合同付款审批单"上签字确认。并提请公司分管领导签批，汇总填写本月度《××单项工程资金支出预算申请确认表》。

2）代总部所执行的合同以及总部直投项目的其他相关建设管理单位（如四通一平的属地省电力公司、信通公司）、物资公司、运行公司等单位执行合同依据国网总部已下达的月度资金预算，于每月 20 日前向直流公司财务部提报支付申请。

（5）支付申请上报。财务部资金专责根据各财务部项目工程专责当月上报的《××单项工程资金支出预算申请确认表》，在财务管控系统中按合同明细确认当月应支付的工程资金款项。

（6）支付工程款项。月末，待工程资金到账后，财务部工程资金专责在财务管控系统中支付本月工程进度款，同时工程财务专责滚动建立《上级拨入资金明细台账》（附录 D）。

4.2 业务流程

业务流程如表 4-1 和表 4-2 所示。

表 4-1

国网总部投资主体项目全过程财务管理标准化研究方案

3. 工程资金支付申请和工程款拨付流程（1）

业 务 流 程 （1）

国网总部	财务部	基建财务处专责
	职能部门	业务专责
直流公司本部	财务部	工程专责
	其他业务部门	工程专责
业主项目部		技经专责

流程节点：

1. 基建财务处汇总单据（总部签订、直流公司执行付款的合同）　开始

3. 收集审核单据并进行会签　每月16日前　单项工程投资、拨付明细台账

4. 工程财务专责审核　通过，每月18日前　每月18日前

2. 完善手续　公司本部执行的合同　合同付款审批单

1. 编制单项工程投资、拨付明细台账　业主项目部执行的合同　单项工程投资、拨付明细台账　开始

A

国家电网公司 STATE GRID CORPORATION OF CHINA

表 4-2

国网总部投资主体项目全过程财务管理标准化研究方案

3. 工程资金支付申请和工程款拨付流程（2）

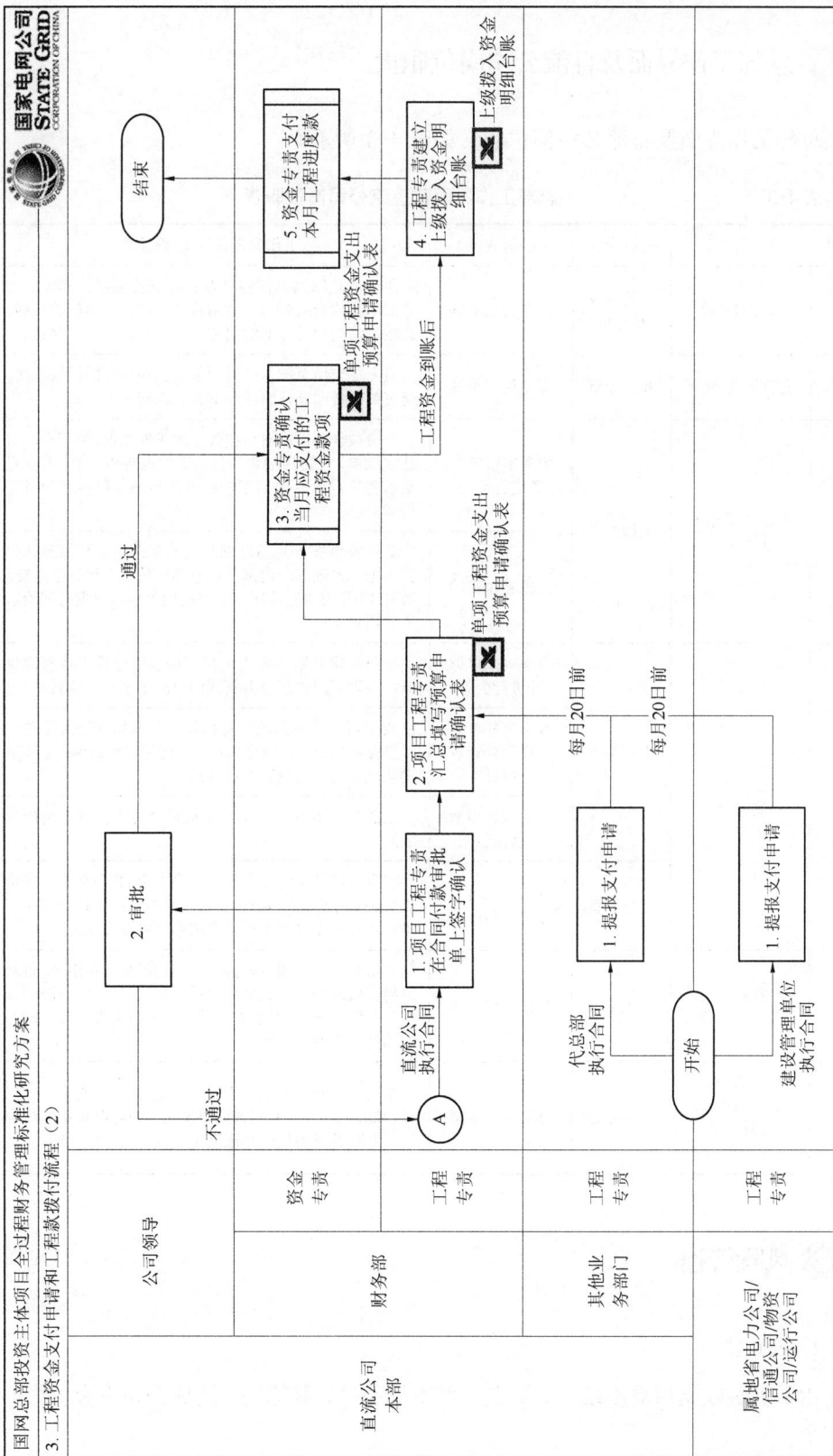

4.3 总部工作界面及直流公司岗位职责

总部工作界面及直流公司岗位职责如表 4-3 所示。

表 4-3　　　　　　　　　　总部工作界面及直流公司岗位职责

序号	所属部门	关键岗位	关键业务	工作界面描述/职责说明	备注
1	总部财务部	基建财务处专责	汇总付款单据	负责汇总国网总部签订及总部直投项目的其他建设管理单位的合同付款，并由直流公司执行的付款单据，并按直流公司各专业对口部门按合同性质下发据	
2	总部职能部门	业务专责	提交付款单据	负责提交由总部签订并由直流公司执行的付款单据，交总部财务基建财务处汇总、流转	
3	直流公司相关业务部门	工程专责	收集审核单据并进行会签	负责按合同性质对口接收总部下发据，填写合同付款审批单，负责后续合同付款手续流转和会签。并在月底前将完成所有前期手续的单据传递给财务部项目工程专责	
			提报支付申请	负责收集按上月通过批复的本部门资金预算申请付款单据，办理部门内部及会签部门付款手续签字流转，每月 18 日前将完成所有签字前期手续的单据传递给财务部项目工程专责	
4	直流公司财务部	工程专责	收集审核单据并进行会签	每月收集并审核业主项目部提交的建管工程付款单据，办理部门内部及会签部门付款手续签字流转	
			收集审核单据并提请分管领导签批	负责对当月收到的工程付款业务原始凭证及相关资料进行审核，审核通过后在"合同付款审批单"上签字确认，提请公司分管领导签批	
			填写预算申请确认表	汇总填写本月度《单项工程资金支出预算申请确认表》	
		资金专责	确认、支付工程款	根据各财务项目工程专责当月上报的《单项工程资金支出预算申请确认表》，在财务管控系统中按合同明细确认当月应支付的工程资金款项，并完成支付	
5	直流公司业主项目部	技经专责	提报支付申请	负责发起业主项目部执行合同的纸质支付申请，付款资料完成现场相关签字流转后，编制《单项工程投资、拨付明细台账》（附录 C），每月 16 日前提交公司财务部项目工程专责审核	
6	属地省电力公司/信通公司/物资公司/运行公司	工程专责	提报支付申请	负责本单位执行合同依据国网总部已下达的月度资金预算，于每月 20 日前向直流公司财务部提报支付申请。并在各自委托代建账套中及时录入记账凭证	

4.4 风险管控

1. 风险描述

由于资金收支核算不统一、资金支付审批不严、等原因，造成公司资金流失，影响资金安全。

2. 控制描述

（1）设置多层级支付体系，加强资金付款手续和支持性单据审核，实行资金全过程实时监控，保障公司资金安全。

（2）建立资金使用审批制度，切实加强资金支付管理，规范工程付款。工程管理部门应根据工程实施进度，向财务部门报送月度资金预算，经审核批准后，纳入次月资金支付月度预算。

（3）构建以公司总部为资金配置和管理调控中心、中国电财为资金结算和归集平台、各级单位为资金使用管理单位的资金集中管理体系。以中国电财为集团账户运作载体，依托商业银行的现金管理产品，构建以集团账户为核心的账户管理体系，集中管理银行账户开立与资金归集。公司资金归集实行横向集中、纵向归集、自下而上、逐级递次归集的方式。

（4）按照"一行一户"原则，统一制定各层级、类型单位账户管控标准，对账户开立、变更及撤销实行审批备案管理。各级单位银行账户必须纳入财务部门统一管理，未设置财务机构的任何单位和部门不得在金融机构开立银行账户。所有银行账户均须纳入公司统一监控体系。

（5）建立"统一预算、分级支付"的支出管理模式，实行收支两条线和资金集中支付。

1）各级单位所有支出必须纳入现金流量预算，无预算不得对外支付。

2）各级单位应按照支付金额大小实行分级支付，限额以上支出由各单位本部银行账户集中办理。

3）各级单位应建立健全资金支付审批机制，规范支付业务流程，确保支付规范、安全、高效。

4.5 考核评价

财务部对管控方案中规定的此类业务活动进行检查与考核，考核内容如表 4-4 所示。

表 4-4　　　　　　　　考　核　内　容

序号	考核内容	评价项目	评 价 指 标	责任部门
1	工程资金支付申请和工程款的拨付	传递业务单据及时率	各业务部门未在每月 18 日前将完成所有签字前期手续的单据传递给财务部项目工程专责，每次减指标分值	各业务部门
2		传递业务单据及时率	业主项目部未在每月 16 日前将《工程投资拨付明细台账》提交本部财务部审核，每次减指标分值	业主项目部
3		传递业务单据完整率和准确率	本部工程管理部门（换流站管理部、线路部）对订单执行的正确性和手续的完整性负责，计划部将工程进度款的结算金额与工程现场实际进度是否相符合，并核查与资金年度计划和季度用款计划的匹配度负责。核查不严，报错每次减指标分值	工程管理部门、计划部
4		传递业务单据完整率和准确率	各业务部门、业主项目部的本月资金支付手续不齐不完整，申报数量错误造成返工，每次减指标分值	各业务部门、业主项目部
5		工程资金确认及时率和操作资金支付准确率	财务部资金专责没有在工程款到账 1 个工作日内在财务管控系统中按合同明细确认工程资金款项，每次减指标分值	财务部

第5章 工程成本核算工作

直流公司作为总部直投工程项目的核算主体，负责成本归集及会计核算，工程成本统一在直流公司财务工程账套归集及会计核算。各业务部门按照职责分工在 ERP 系统办理前端的相关业务。

5.1 工作标准

5.1.1 WBS 架构的建立

国网总部根据工程可研核准文件在 ERP 系统中创建项目定义；直流公司计划部搭建项目的整体结构、标明工作状态；根据执行概算，审核设计单位拆分的 WBS 架构，确认无误后在 ERP 系统中导入概算。

5.1.2 采购申请、采购订单的创建和服务确认

公司各业务部门（财务部、换流站部、物资监造部、质量安全部、总经理办等）负责本部门所签订合同的采购申请、采购订单的创建（物资监造部还将负责物资类采购申请的创建）；负责本月所执行服务合同的服务确认。各部门服务确认的财务凭证，由本部门领导在"部门主管"处签字确认，与 ERP 系统中的服务确认单与 SAP 业务流转通知单（业务流转通知单的相关信息应填列齐全）传递至财务部项目工程专责。

施工、监理合同由本部工程管理部门负责采购申请、采购订单的创建，业主项目部（工程建设部）根据工程现场相关签字流转后的付款单据完成本月所执行合同的服务确认，服务确认的财务凭证应由项目经理（或工程建设部领导）在"部门主管"处签字确认，与 ERP 系统中的服务确认单与 SAP 业务流转通知单（业务流转通知单的相关信息应填列齐全）传递至财务部项目工程专责。

5.1.3 发票校验和付款清账

财务部项目工程专责审验本月申请款项所必备的发票等单据后，完成 ERP 系统中的"发票效验"操作；待财务部工程资金专责在财务管控系统中支付本月工程进度款后，根据各部门办理完毕的"合同付款审批单"等相关付款资料，完成 ERP 系统中的"付款清账"操作，同时负责登记《××单项工程投资拨付明细台账》。

5.2 业务流程

业务流程如表 5-1 所示。

表 5-1

国网总部投资主体项目全过程财务管理标准化研究方案

5.3 总部工作界面及直流公司岗位职责

总部工作界面及直流公司岗位职责如表 5-2 所示。

表 5-2 总部工作界面及直流公司岗位职责

序号	所属部门	关键岗位	关键业务	工作界面描述/职责说明	备注
1	总部发展部	发展部专责	前期费费用结转	负责总部直投建管项目前期可研和项目后评价工作的组织工作,对总部直投建管项目做到定期清理,规避长期挂账的风险。负责在总部 ERP 系统中完成前期费分摊,由直流公司工程财务专责在系统中确认分摊结果进行入账	
2	总部财务部	工程会计专责	资金拨付及增值税接收协同确认	进行项目开工建设的资金拨付以及建设过程中针对各类合同进行支付时形成的增值税抵扣	
3	总部直流部	直流部专责	合同签订和审批	负责关键性技术研究合同、工程项目及技术经济标准编制等组织和合同签订工作	
			项目下达	负责总部直投直流公司建管项目的工程项目创建和下达	
			超概算服务采购申请审批等	负责总部直投直流公司建管项目在项目建设阶段过程中针对服务类合同超概算的采购申请审批等	
4	直流公司计划部	计划专责	WBS 架构拆分	对设计单位拆分的工程 WBS 架构进行审核及并完成系统导入	
			审批物资/服务采购申请	对前端业务部门创建物资/服务采购申请进行审核	
			审批 ERP 工程资金进度款报审表	对分包施工的供应商提供的服务进度款报审表进行审核	
5	直流公司物资与监造部	物资专责	创建物资采购申请	负责本部门或总部签订物资类合同的采购申请的创建和修订	
			创建并审核监造合同采购订单	负责本部门签订监造合同采购申请和采购订单的创建、修订以及审核	
			下载物耗表、根据物耗表调整采购订单	完成合同结算工作后,在系统中生成和下载物资耗用表初稿并调整相关采购订单行的内容	
6	直流公司工程管理部门/业主项目部	工程专责	创建服务采购申请	负责所签订服务合同的采购申请的创建	
			创建并审核服务采购订单	负责所签订服务合同的采购订单的创建、修订和审核	
			服务确认	执行服务合同的进度款确认,并打印服务确认单和业务流转单进行审核后提交财务部门	

续表

序号	所属部门	关键岗位	关键业务	工作界面描述/职责说明	备注
7	直流公司财务部/业主项目部	资金管理专责	资金预算与申请、资金拨付	负责月度现金流量预算的汇总编报，资金计划的汇总编报	
		工程财务专责	发票校验、付款清账、凭证协同、工程月结、前期费费用入账	负责工程项目的资金预算、发票校验及付款清账、协同确认、工程月结等业务。负责工程验收的相关事宜，审核项目竣工决算资料，组织竣工决算审计，负责组织竣工决算报告的编制；根据发展部提交前期费结转的业务单据后，在系统中确认分摊结果并完成分摊结果的系统记账	
8	直流公司业主项目部	技经专责	当前进度款填报和报审	负责依据工程实际进度完成当期进度款报审表总价及单价部分填报，并按对应规则形成汇总表、ERP 工程资金申请报审表和进度款报审总数；负责将本期预算上报至直流公司本部财务部门等	
			服务确认	执行服务合同的进度款确认，并打印服务确认单和业务流转单进行审核后提交工程建设部财务部门	

5.4　风险管控

1. 风险描述

由于科目设置不合理，政策执行不到位等原因，导致成本核算不规格，影响成本费用归集。

2. 控制描述

（1）规范科目设置，统一政策执行，实行标准化核算管理，健全多层级审核机制，加强核算审核，保证成本费用归集的正确性。

（2）加强工程实施阶段财务管理，各级单位在工程实施过程中应做好项目初步设计和审批参与、招投标参与、前期费用确认、利息资本化和工程保险签订及赔付等工作。

（3）工程施工、物资采购、设计、监理、咨询等工程合同文本要经财务等相关部门会签审核，未经会签审核的合同，不予支付合同款项。各级财务部门应对合同的金额、支付条件、结算方式、发票开具方式、支付时间等内容进行审核。合同执行中若出现转让或变更的，应按照合同管理办法另行签订协议，并经原会签部门共同会签。财务部门应留存合同副本，作为结算价款和工程成本控制的依据。

（4）强工程成本核算，强化工程成本动态控制，完善工程项目概（预）算执行监控及预警机制，实施造价内控目标控制，确保有效控制工程成本。

（5）加强工程往来资金的清理，业务部门及时办理相关财务手续后，进行账务处理。对长期挂账的往来款项要查明原因，按照会计制度规定及时进行账务处理。

（6）工程款项的支付应依据相关合同等文件进行，财务部门要对工程项目资金支出合法性、合理性及资金支付手续齐备性进行审核。对不符合招标规定或应招标而未招标的事项，财务部门有权拒绝付款。

5.5 考核评价

财务部对管控方案中规定的此类业务活动进行检查与考核，考核内容如表 5-3 所示。

表 5-3 考 核 内 容

序号	考核内容	评价项目	评 价 指 标	责任部门
1	工程成本核算	审核 WBS 明细架构、概算导入及时率、物资/服务采购申请审核、工程资金进度款报审表审批	直流公司计划部计划专责对设计单位拆分的工程 WBS 架构审核后仍有错误，每次减指标分值；未将 WBS 架构概算在招标前导入，每次减指标分值；未对前端业务部门创建物资/服务采购申请及时完成审核，每次减指标分值；未对分包施工的供应商提供的服务进度款报审表及时完成审核，每次减指标分值	直流公司计划部
2		创建物资采购申请和监造合同采购订单	直流公司物资与监造部物资专责创建物资类合同的采购申请的信息不全造成返工，每次减指标分值；创建监造合同采购申请和采购订单的信息不全造成返工，同时未及时进行审核，每次减指标分值	直流公司物资与监造部
3		创建服务采购申请、创建并审核服务合同采购订单、服务确认执行、服务确认单打印	直流公司工程管理部门工程专责创建服务类合同的采购申请的信息不全造成返工，每次减指标分值；创建服务合同采购申请和采购订单的信息不全、填写税码信息有误（包括税码对应的税率及描述与合同内容不对称）造成返工，同时未及时进行审核，每次减指标分值；执行服务合同进度款确认出现错误造成返工或完成服务确认后未打印服务确认单和业务流转单等，发生每次减指标分值	直流公司工程管理部门
4		进度款填报、报审、服务确认执行、服务确认单打印	直流公司业主项目部技经专责填报当期进度款报审表总价及单价部分出现错误造成返工，每次减指标分值；未将 ERP 工程资金申请报审表及进度款报审表及时提交至本部财务部，每次减指标分值；执行服务合同进度款确认出现错误造成返工或完成服务确认后未打印服务确认单和业务流转单等，发生每次减指标分值	直流公司业主项目部
5		协同确认及时率、发票校验及时率、资金支付准确率、付款清账准确率、工程月结及时率	直流公司财务部工程财务专责未及时对其他单位协同过来的工程业务进行确认，每次减指标分值；未及时对业务部门提交的发票进行发票校验，每次减指标分值；工程资金专责在财务管控系统中支付工程款报错，每次减指标分值；在 ERP 系统中完成"付款清账"操作报错，每次减指标分值；未在每月月底前在 ERP 系统中完成工程月结，每次减指标分值	直流公司财务部

第6章 工程增值税管理工作

6.1 工作标准

6.1.1 纳税义务人

营改增以后，建筑安装企业为增值税纳税义务人。承包人，即施工单位在项目所在地缴纳增值税，直流公司作为项目建设管理单位有指导、解释、协调涉税事项的责任。

6.1.2 纳税时间

增值税纳税义务发生的时间节点有：收到预付款、工程报量、合同载明的具体付款时间，如果合同没有载明付款时间，就是应税服务完成的当天（工程竣工投产当天）。在上述几个时点上，承包单位（施工单位）应及时缴纳增值税，并开具相应金额的发票（收到预付款除外，开具收据即可）。

6.1.3 纳税地点

公司所建管的项目均属于"跨县（市、区）提供建筑服务"，需要在施工所在税务机关（国税局）预缴税款。

6.1.4 发票开具要求

总部直投项目工程相关的所有发票开具时，发票抬头均必须为"国家电网公司"，发票信息必须与国家电网公司开票信息一致，发票内容完整。

6.1.5 发票的收集与整理

各部门及业主项目部、受托网省公司负责收集、整理增值税发票，在发票开出后 2 个月内将发票送达直流公司财务部，并随同发票提交《增值税抵扣清单汇总表》（附录 E），配合做好增值税发票的认证工作。

6.1.6 发票的认证

公司财务部每月需要对直流公司收到的总部直投项目的所有增值税发票（包括国网总部、属地电力公司发票抵扣联）在"中兴通抵扣联信息采集系统"进行增值税认证。认证完毕后，在系统中打印"本地端查询统计表"一式两份，一份与抵扣联一起存档于直流公司，另一份与编制的增值税抵扣清单（附录 E）一起送交总部财务部。

当月认证完的增值税必须当月上划总部进行抵扣，未认证的则不能上划总部。

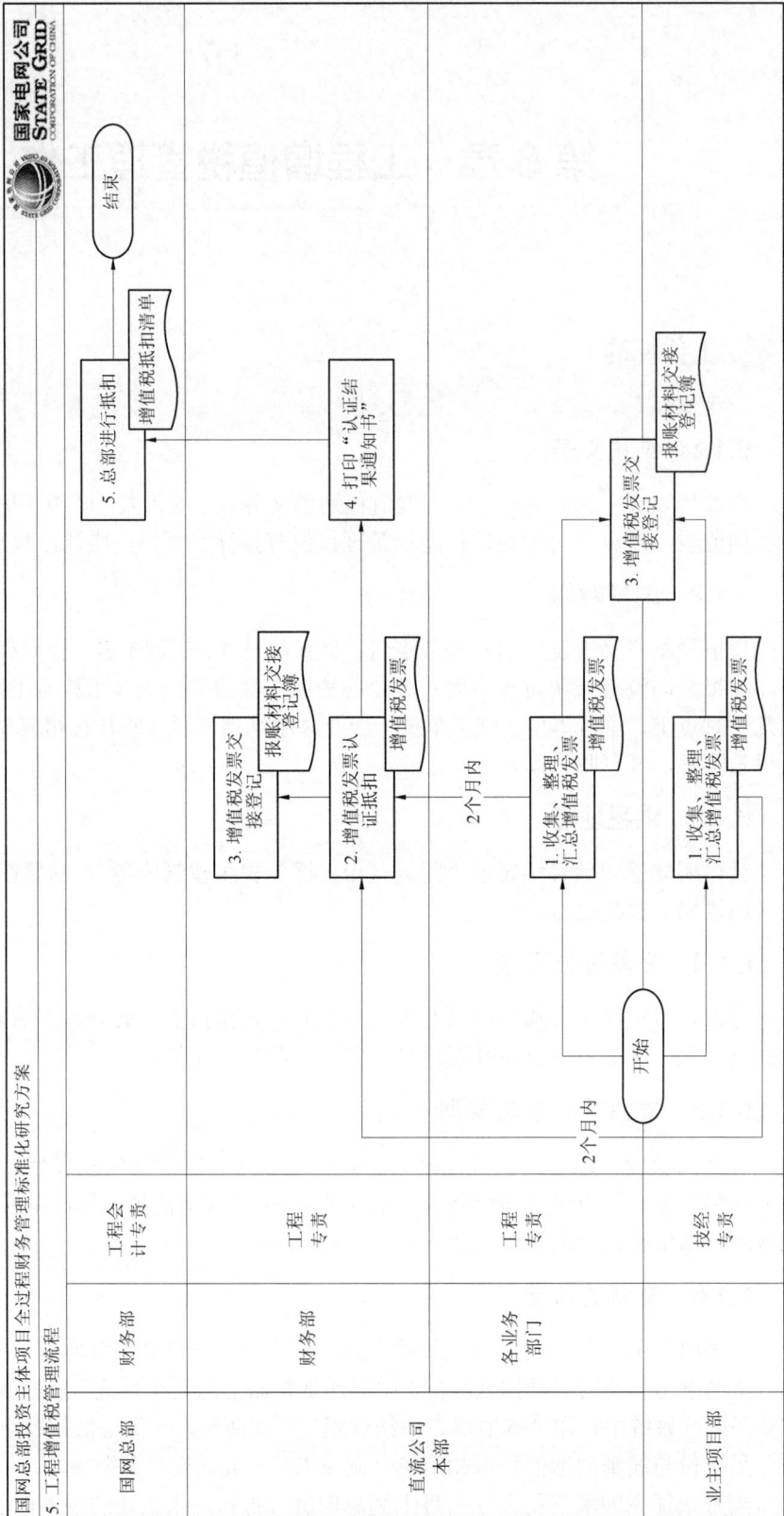

6.2 业务流程

业务流程如表 6-1 所示。

表 6-1

国网总部投资主体项目全过程财务管理标准化研究方案

5. 工程增值税管理流程

			业　务　流　程
国网总部	财务部	工程会计专责	5. 总部进行抵扣（增值税抵扣清单）→ 结束
直流公司本部	财务部	工程专责	3. 增值税发票交接登记（报账材料交接登记簿）　2. 增值税发票认证抵扣（增值税发票）　4. 打印"认证结果通知书"
	各业务部门	工程专责	1. 收集、整理、汇总增值税发票（增值税发票）
业主项目部		投经专责	开始 → 1. 收集、整理、汇总增值税发票（增值税发票）　3. 增值税发票交接登记（报账材料交接登记簿）

2个月内　　2个月内

国家电网公司 STATE GRID CORPORATION OF CHINA

6.3 总部工作界面及直流公司岗位职责

总部工作界面及直流公司岗位职责如表 6-2 所示。

表 6-2　　　　　　　　　　总部工作界面及直流公司岗位职责

序号	所属部门	关键岗位	关键业务	工作界面描述/职责说明	备注
1	总部财务部	工程会计专责	工程发票抵扣	负责对直流公司提交的总部直投项目的所有增值税发票进行抵扣	
2	直流公司各业务部门/业主项目部	工程专责/技经专责	收集、整理增值税发票	负责收集、整理增值税发票，在发票开出后 2 个月内将发票送达公司财务部，配合做好增值税发票的认证工作	
			增值税发票交接	负责增值税发票交接登记，填写报账材料交接登记簿	
3	直流公司财务部	工程专责	增值税发票认证抵扣	负责在每月对直流公司收到的所有增值税发票（包括属地电力公司、运行公司的发票抵扣联）在"中兴通抵扣联信息采集系统"进行增值税认证	
			打印认证结果通知书	负责在系统中打印"本地端查询统计表"一式两份，一份与抵扣联一起存档于直流公司，另一份与编制的增值税抵扣清单（附录E）一起送交总部财务部	
			增值税发票交接	负责增值税发票交接登记，填写报账材料交接登记簿	

6.4 风险管控

1. 风险描述

由于财税政策理解不到位、增值税税票认证、纳税申报不及时等原因，导致税金未及时足额缴纳，公司面临监管部门处罚。

2. 控制描述

（1）定期与主管部门沟通协调，了解掌握最新财税政策，优化公司财税策划，加强纳税申报审核，保障税金及时足额认证、抵扣、缴纳。

（2）依托一体化信息技术平台，建立健全财税管理机制，加强财税基础管理，提升财税管控手段，防控公司财税风险。

（3）严格执行财政资金管理制度，规范财政资金项目管理，加强财政预算申报及执行，确保财政资金使用合规，提高财政资金使用效率。

（4）定期积极组织各项财税检查，规避财税风险，确保不发生重大财税事件。

6.5 考核评价

财务部对管控方案中规定的此类业务活动进行检查与考核，考核内容如表6-3所示。

表6-3 考 核 内 容

序号	考核内容	评价项目	评价指标	责任部门
1	工程发票管理	发票提交及时率、发票信息准确率	各业务部门及业主项目部未在发票开出后2个月内将发票送达直流公司财务部，每次减指标分值；增值税发票金额不准确，不完整的情况，每次减指标分值	各业务部门、业主项目部
2		增值税认证及时率、增值税抵扣及时率	财务部未在每月及时对增值税发票在"中兴通抵扣联信息采集系统"进行增值税认证，每次减指标分值；未按规定将当月认证完的增值税在当月上划总部进行抵扣，每次减指标分值	财务部

第7章 工程项目保险管理工作

根据《国家电网公司财产保险管理暂行办法》，总部直投工程项目由国网总部统一组织投保建筑/安装工程一切险（含第三者责任险）、团体人身意外伤害险等险种。

工程项目保险由公司财务部归口管理，指导英大长安保险经纪集团有限公司（以下简称"长安经纪"）和承保公司开展日常服务工作，业主项目部、工程施工单位以及其他工程关系方配合实施。内容包括工程项目保险安排、保险培训、日常服务管理、保险索赔及赔款划拨等。

7.1 工作标准

公司财务部根据工程项目特点，向长安经纪提出开展工程项目保险工作的有关建议。

本部业主项目部组织开展工程项目现场日常风险管理和防灾防损工作，确定业主项目部和施工、监理单位及其他相关方保险专责人员，并报财务部。

工程建设期间，公司财务部在业主项目部、保险机构协助下，组织各施工单位、监理单位及其他相关方开展保险培训工作；保险机构负责授课，详细讲述保险合同内容、索赔工作流程及有关事项。

在工程建设关键阶段和自然灾害频发时期，业主项目部配合保险机构积极开展保险日常走访和风险查勘工作，现场解答保险工作中存在的疑难事项。

工程项目保险索赔工作由公司财务部进行指导，长安经纪协助业主项目部开展有关工作，要求有关施工、监理单位予以积极配合，具体工作程序如下：

（1）工程遭受自然灾害或发生意外事故时，业主项目部应组织施工、监理单位或其他工程相关方及时向保险公司及长安经纪报案。并同时向本部相关业务管理部门和财务部报告。对于火灾、爆炸、盗窃等事件，还应及时向工程所在地的消防、公安等部门报案，获得有关证明资料。

（2）工程出险后，业主项目部应组织施工单位和其他工程相关方采取一切必要、合理的措施防止损失进一步扩大。同时对受损标的通过录像、拍照等方式保留保险索赔相关证据。

（3）本部业主项目部应积极为保险机构现场察勘提供便利和支持，按照保险索赔要求，组织施工单位及其他工程相关方及时整理收集事故技术分析报告、工程修复（概）预算、事故现场影像等索赔资料，并在出险后 30 日内收集齐全，由本部工程管理部门、业主项目部统一签章确认且提交公司财务部、长安经纪公司，由长安经纪审核后向保险公司移交。

（4）财务部、业主项目部对理赔结果进行确认后，由长安经纪出具赔付建议书，保险公司出具正式理赔工作报告，并最终将保险赔款划至直流公司。

（5）财务部在保险赔款划拨至直流公司账户后，通过业主项目部通知受损单位，由受损单位对保险赔付结果进行书面签章确认。即由出险单位上报台头为国家电网公司直流建设分公司的申请赔付报告（红头文件），详细列明出险原因、损失金额、保险公司核定金额、划款账户等，并由业主项目部经理签字、加盖工程建设部公章后报财务部办理付款手续。

（6）财务部在收到保险赔付结果书面确认单和受损单位开具的收据后办理保险赔款支付手续。

工程竣工投产后，计划部根据保险赔付与工程结算相挂钩原则，对于保险已赔付部分不在工程结算中考虑。在工程结算时根据实际情况予以确认。

7.2 业务流程

业务流程如表 7-1 所示。

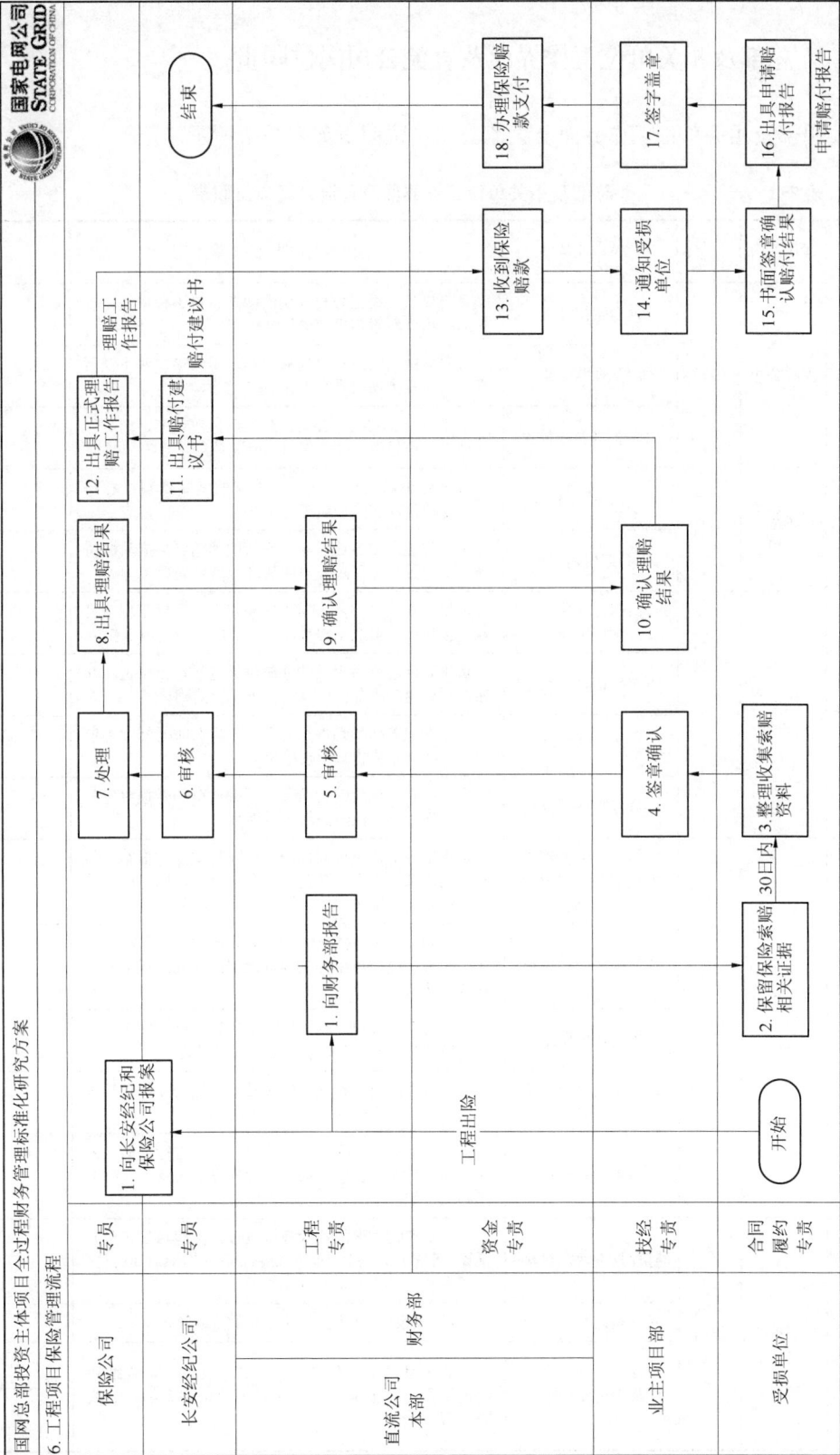

国网总部投资主体项目全过程财务管理标准化研究方案

表 7-1

6. 工程项目保险管理流程

业　务　流　程

开始

工程出险

1. 向长安经纪和保险公司报案

1. 向财务部报告

2. 保留保险索赔相关证据

3. 整理收集索赔资料

4. 签章确认

5. 审核

6. 审核

7. 处理

8. 出具理赔结果

9. 确认理赔结果

10. 确认理赔结果

11. 出具赔付建议书

12. 出具正式理赔工作报告

13. 收到保险赔款

14. 通知受损单位

15. 书面签章确认赔付结果

16. 出具申请赔付报告

17. 签字盖章

18. 办理保险赔款支付

结束

理赔工作报告　赔付建议书　申请赔付报告

30 日内

角色	岗位
保险公司	专员
长安经纪公司	专员
直流公司本部　财务部	工程专责
	资金专责
业主项目部	投经专责
受损单位	合同履约专责

7.3 总部及相关单位工作界面及直流公司岗位职责

总部及相关单位工作界面及直流公司岗位职责如表 7-2 所示。

表 7-2   总部及相关单位工作界面及直流公司岗位职责

序号	所属部门	关键岗位	关键业务	工作界面描述/职责说明	备注
1	保险公司	专员	处理索赔业务	负责对长安经纪公司提交的索赔材料进行审核，审核通过后针对索赔事项进行分析和处理	
			出具理赔结果	针对索赔材料进行处理后出具理赔结果，并下发至直流公司相关部门进行确认	
			出具正式理赔报告	负责按照长安经纪公司提交的赔付建议书，出具正式理赔工作报告，并最终将保险赔款划至直流公司	
2	长安经纪公司	专员	审核索赔材料	负责对公司工程管理部门提交的索赔资料进行审核，完成后向保险公司进行移交	
			出具赔付建议书	负责按照公司各业务部门确认的理赔结果出具赔付建议书，提交至保险公司由其进行后续处理	
3	直流公司财务部	工程专责	组织开展保险培训工作	根据工程项目特点，向长安经纪提出开展工程项目保险工作；并组织工程参建单位开展保险培训工作	
			审核确认理赔结果	负责对保险公司出具的理赔结果进行审核确认，并转发至公司工程部由其进行下一步的确认	
		资金专责	接收保险赔款	负责在保险赔款划拨至公司账户后及时通知业主项目部将赔付结果告知受损单位	
			办理保险赔款支付	负责在收到保险赔付结果书面确认单和受损单位开具的收据后办理保险赔款支付手续	
4	直流公司业主项目部	技经专责	组织受损单位汇报受损情况，保留索赔证据	负责组织受损单位向保险公司及长安经纪报案。并同时向本部工程管理部门和财务部报告，同时组织受损单位对通过录像、拍照等方式保留索赔证据	
			签章确认索赔资料	负责对受损单位提交的索赔资料进行统一签章确认，完成后提交至本部工程管理部门由其进行下一步签章确认	
			审核确认理赔结果	负责对保险公司出具的理赔结果进行审核确认，完成后通知长安经纪公司由其进行后续处理	
			通知受损单位理赔结果	负责将理赔结果和款项告知受损单位，并要求其对理赔结果和款项进行书面签章确认	
			审核申请赔付报告	负责对受损单位提交的申请赔付报告进行审核，由业主项目部经理签字、加盖工程建设部公章后报财务部办理付款手续	
5	受损单位	合同履约专责	整理收集索赔材料	负责整理收集事故技术分析报告、工程修复（概）预算、事故现场影像等索赔资料，并在出险后 30 日内收集齐全，提交至业主项目部	
			签章确认赔付结果	负责对理赔结果和款项进行书面签章确认	
			出具申请赔付报告	负责出具"申请赔付报告（红头文件）"，详细列明出险原因、损失金额、保险公司核定金额、划款账户等	列明出险原因、损失金额、保险公司核定金额、划款账户等

7.4 风险管控

1. 风险描述

由于赔偿条款理解不到位、手续资料不齐全等原因，导致出险赔付不及时或评估标准未达到损失额度，工程投资面临损失。

2. 控制描述

（1）聘请专业保险经纪公司，开展现场保险培训，增强人员出险意识，专业人员参与完成与保险公司沟通协调，办理出险手续，保障出险赔付及时足额。

（2）投保方案必须合理合规，保证公司保险工作的执行，做到保护公司财产不存在潜在的资产受损风险。

（3）事故名称、出险原因、经过、施救措施、损失情况和估计损失金额等内容必须正确无误，保证公司保险的有效赔付。

（4）索赔资料必须符合保险合同约定条款，出险原因及估计损失金额的相关单证资料证明必须齐全，并符合保险公司理赔要求，保证公司保险的有效赔付。

7.5 考核评价

财务部对管控方案中规定的此类业务活动进行检查与考核，考核内容如表 7-3 所示。

表 7-3　　　　　　　　　　　考　核　内　容

序号	考核内容	评价项目	评价指标	责任部门
1	工程项目保险管理	材料提交及时率、提交资料完整率	施工、监理单位或其他工程报案不及时、提交索赔资料滞后等情况，每次减指标分值；提交的索赔资料信息不全造成返工，每次减指标分值；提交的"申请赔付报告（红头文件）"信息不全造成返工，每次减指标分值	施工、监理单位或其他工程相关方
2		收集材料及时率	业主项目部在出险后 30 日内将索赔资料收集齐全，每次减指标分值	业主项目部
3		结果下达及时率、办理业务及时率	财务部未及时通过业主项目部通知受损单位理赔结果，每次减指标分值；在收到保险公司赔付款 2 个工作日内向受损单位办理保险赔款支付，每次减指标分值	财务部

第8章　工程竣工决算报告编报管理

按照《国家电网公司工程竣工决算管理办法》的规定，直流公司是总部直投项目工程竣工决算编制责任主体，负责组织编制国家电网公司出资范围内的单项工程竣工决算及汇总工程项目决算报告。

8.1 工作标准

（1）收集工程核准、可研及概算等资料。计划部向财务部提供项目核准文件、项目可行性研究报告评审意见及工程初步设计概算批复文件及批准概算书。

（2）暂估工程成本并估价增资。财务部根据总部直流建设部、财务部审核盖章的《暂估工程成本明细表》（附录 F），对尚未确认的工程成本进行暂估入账，按照暂估后的在建工程账面金额估价转增资产。

（3）合同清理。各业务部门、业主项目部根据合同执行情况，对《合同执行情况表》（附录 G）进行补充完善，确保《合同执行情况表》内容完整、准确，并在报账截止日前将盖章确认的《合同执行情况表》提交财务部门。

（4）形成工程验收现场盘点清单和资产移交清册。竣工投运后，工程管理部门牵头组织设计、监理、施工、业主项目部、物资公司、运行公司、总部委托中介及有关供应商等进行现场验收，形成工程验收现场盘点清单和资产移交清册。具体流程为：业主项目部技经专责从 ERP 系统中下载工程现场验收清单，先由物资部门对物资采购情况进行盖章确认，再由工程管理部门对物资实际使用情况盖章确认，然后由实物资产管理部门对形成设备（资产）情况盖章确认，最后由物资部门根据盘点结果，办理结余物资退库，并于报账截止日前将各部门盖章确认的《工程验收现场盘点清单》（附录 H）提交财务部门。

（5）确定工程结算。计划部应在报账截止日前完成结算报告，确定工程结算价值，并向财务部门提供确定的完整工程结算资料，并对工程超概算原因进行详细分析。

（6）确定未完收尾工程。工程管理部门、计划部要及时清理未完的收尾工程，按照概算合理预估工程实物量及预计未完价值，在工程结算报告中详细反映未完收尾工程情况。

（7）完成工程成本入账。各业务部门负责本部门管理事项的合同签订及发票收集工作，在报账截止日前，向财务部门提交相关业务的合同、发票等报销凭据，办理工程成本入账工作，并对原预估成本进行冲销。

（8）清理工程资金。财务部门应全面核对工程资金的拨付与使用情况，编制《资金清算核对表》（附录 I）。

（9）编制竣工决算报告。财务部门根据财务账簿、《合同执行情况表》《物资实际耗用表》《工程验收现场盘点清单》结算等资料按照规定时间要求完成竣工决算报告编制工作。

（10）完成竣工决算报告审核工作。财务部配合总部委托中介机构对竣工决算报告进行审核，中介机构应在决算编制完成后一个月内出具审核报告。财务部根据审核报告调整竣工决算，在审核报告出具后十五日内，完成对竣工决算报告的全面修改，并以正式文件上报。

（11）批复决算转增资产。国网总部对上报的竣工决算进行复核，并在收到竣工决算审批申请之日起一个月内下达决算批复。财务部根据决算批复，在一个月内完成相关账务调整和转资工作。

8.2　业务流程

业务流程如表 8-1 和表 8-2 所示。

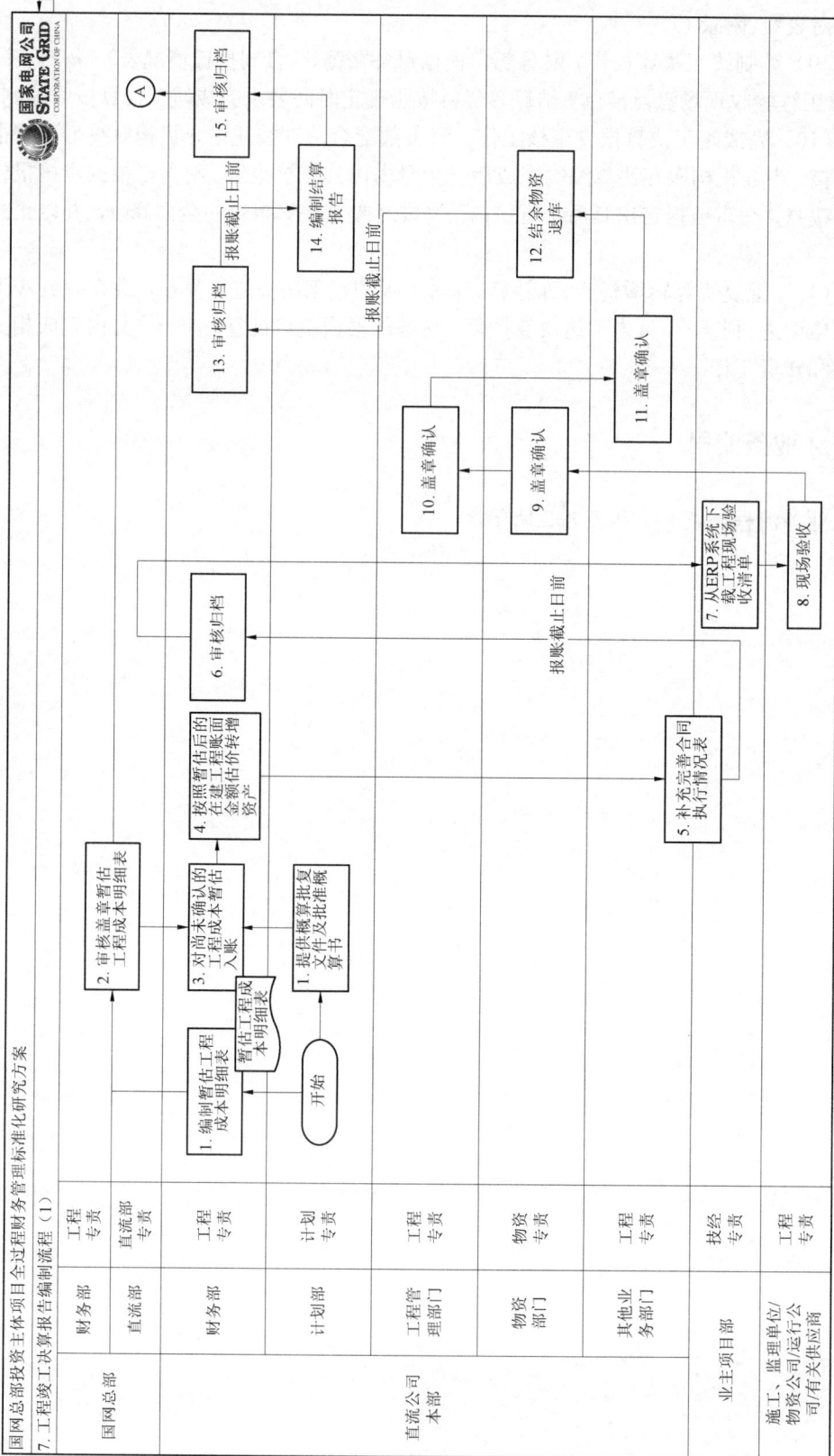

表8-1

国网总部投资主体项目全过程财务管理标准化研究方案

7. 工程竣工决算报告编制流程（1）

业务流程（1）

国网总部	财务部	工程专责
国网总部	直流部	直流部专责
直流公司本部	财务部	工程专责
直流公司本部	计划部	计划专责
直流公司本部	工程管理部门	工程专责
直流公司本部	物资部门	物资专责
直流公司本部	其他业务部门	工程专责
业主项目部		技经专责
施工、监理单位/物资公司/后行公司/有关供应商		工程专责

流程框：

- 开始
- 1. 编制暂估工程成本明细表
- 暂估工程成本明细表
- 2. 审核盖章暂估工程成本明细表
- 3. 对尚未确认的工程成本暂估入账
- 1. 提供概算批复文件及批准概算书
- 4. 按照暂估后台账在建工程账面金额估价结转资产
- 5. 补充完善合同执行情况表
- 6. 审核归档
- 7. 从ERP系统下载工程现场验收清单
- 8. 现场验收
- 9. 盖章确认
- 10. 盖章确认
- 11. 盖章确认
- 12. 结余物资退库
- 13. 审核归档
- 14. 编制结算报告
- 15. 审核归档
- A

报账截止日前

表 8-2

国网总部投资主体项目全过程财务管理标准化研究方案

业 务 流 程 （2）

7. 工程竣工决算报告编制流程（2）

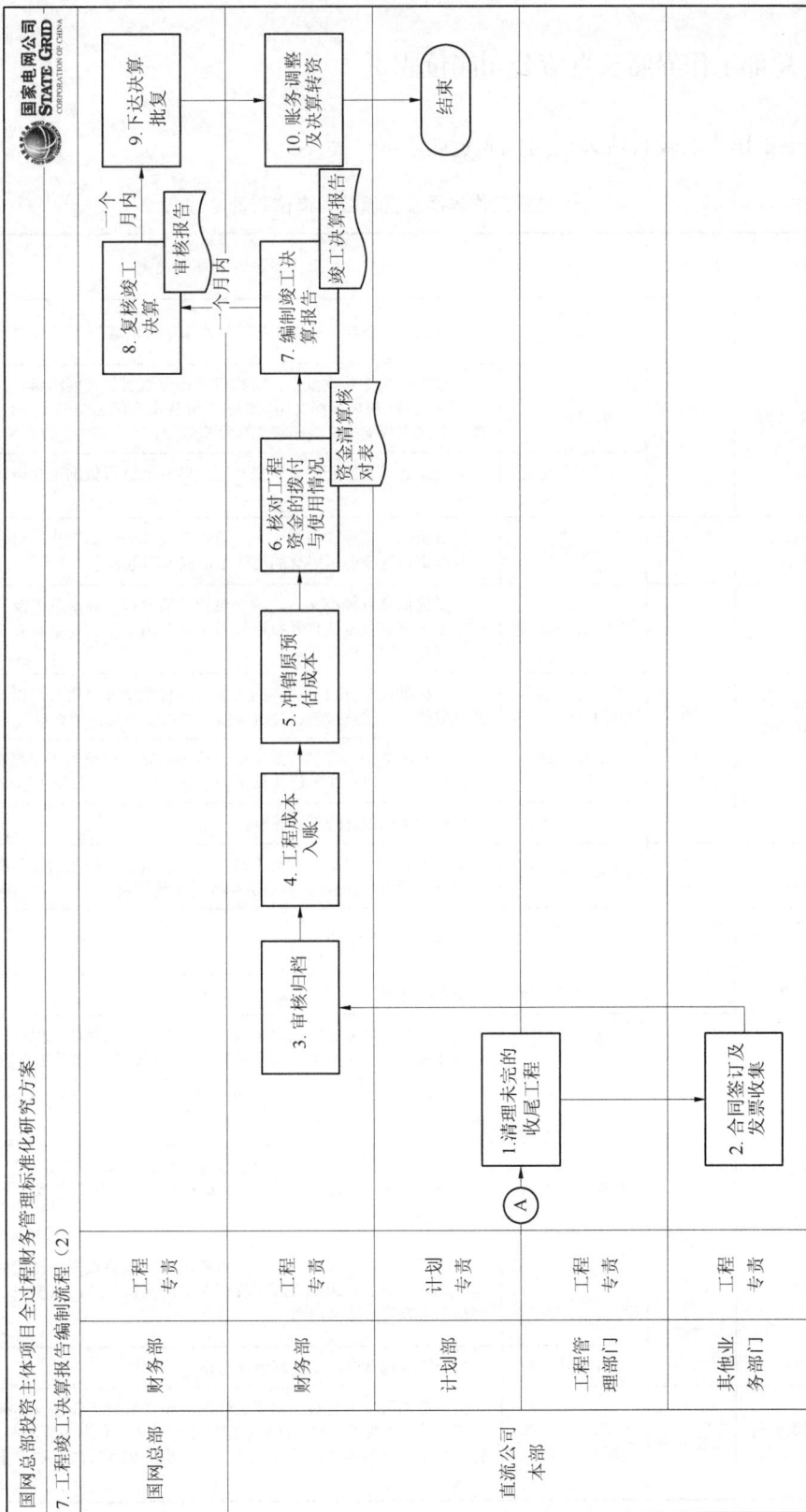

国网总部	财务部	工程专责	9.下达决算批复
	财务部	工程专责	8.复核竣工决算（审核报告，一个月内／一个月内） 7.编制竣工决算报告（竣工决算报告） 6.核对工程资金的拨付与使用情况（资金清算核对表） 5.冲销原预估成本 4.工程成本入账 10.账务调整及决算转资
	计划部	计划专责	3.审核归档
直流公司本部	工程管理部门	工程专责	(A) 1.清理未完的收尾工程
	其他业务部门	工程专责	2.合同签订及发票收集

8.3 总部工作界面及直流公司岗位职责

总部工作界面及直流公司岗位职责如表 8-3 所示。

表 8-3 总部工作界面及直流公司岗位职责

序号	所属部门	关键岗位	关键业务	工作界面描述/职责说明	备注
1	总部 财务部	工程专责	组织竣工 决算编制	负责组织、指导、协调工程项目竣工决算的编制工作	
			审核竣工 决算报告	审核工程竣工验收报告、实物资产移交清册和合同清册、工程投产通知书、暂估工程费用明细表等并提交直流公司的工程会计；核对分摊工程支出、编制竣工决算报表	
			预转资和正式 转资过程确认	针对承建单位发起的预转资和正式转资的过程数据进行审核和确认	
2	总部 直流部	直流部 专责	审批文件	负责组织、指导、协调工程项目竣工决算的编制工作。与财务部共同审核直流公司提交的暂估工程成本明细表	
3	直流公司 计划部	计划专责	提供文件和合同	负责提供项目核准文件、项目可行性研究报告评审意见及工程初步设计概算批复文件及批准概算书；负责提供公司签订并执行的合同及合同清单	
			提供合同结算 文件和结算报告	负责提供按概算口径列的施工合同价款结算分析表，以及正式批复的竣工结算报告；负责提供正式批复的竣工结算报告	
			清理未完 收尾工程	负责及时清理未完的收尾工程，按照概算合理预估工程实物量及预计未完价值，在工程结算报告中详细反映未完收尾工程情况	
			配合决算事务	配合财务部做好竣工决算审计工作	
4	直流公司 物资部门	物资专责	编制物资耗用表	负责编制公司设备物资耗用表，审核物资公司提供的设备物资耗用表（除价值外），并向财务部提供上述资料	
			审核现场验收 清单和资产清册	审核确认工程验收现场盘点清单和资产移交清册后	
			配合决算事务	配合财务部做好竣工决算审计工作	
5	直流公司 工程管理 部门	工程专责	清理未完收尾 工程	负责及时清理未完的收尾工程，按照概算合理预估工程实物量及预计未完价值，在工程结算报告中详细反映未完收尾工程情况	
			提供工程竣工 文件	负责向财务部提供竣工项目建设、施工、设计、监理工程总结和工程大事记、竣工验收报告及签证书	
			办理成本入账	负责未完工程合同签订及发票收集，在报账截止日前向财务部门提交相关业务的合同、发票等报销凭据，办理工程成本入账工作	
			组织、审核现场 验收清单和资产 清册，办理工程 移交	组织工程现场验收盘点工作、审核确认工程验收现场盘点清单和资产移交清册；组织办理工程移交生产交接手续，负责向财务部提供实物资产移交清册	
			配合决算事务	配合财务部做好竣工决算审计工作	
6	直流公司 财务部	工程专责	组织、协调和 编制竣工决算	负责总部直投项目竣工决算工作的组织、协调工作和具体编制工作。贯彻落实国家相关法规，根据总部相关工程财务管理制度，制定竣工决算实施细则并组织实施；负责组织编写竣工决算报告说明书	

续表

序号	所属部门	关键岗位	关键业务	工作界面描述/职责说明	备注
6	直流公司财务部	工程专责	工程核算	负责工程财务核算工作（具体包括：负责公司本部执行合同的发票校验及清理核对工程债权债务情况）	
			分配工程资金	负责根据资金计划筹集分配工程各建管单位所需的工程建设资金	
			费用分摊	负责其他费用项目分析、分摊工作	
			收集传递决算材料	负责收集、传递竣工决算资料，加强纵向横向沟通协调。纵向，涉及总部相关部门、出资方、相关建管单位的帐务划转和资料提供；横向，涉及公司本部相关部门、各业主项目部的协调配合	
			审核物资耗用表	负责做好审核物资公司提供的设备物资耗用表（价值部分），并及时向所属工程项目部办理账务划转和物耗表等资料的移交工作	
			配合决算审计	负责组织配合总部财务部安排的竣工决算审计工作	
			上报决算报告和工程转资	负责组织上报总部竣工决算报告，及时办理转资	
7	直流公司其他业务部门	工程专责	办理成本入账	负责未完工程合同签订及发票收集，在报账截止日前向财务部门提交相关业务的合同、发票等报销凭据，办理工程成本入账工作	
			合同清理	负责对本部门所执行合同的《合同执行情况表》进行补充完善，并在报账截止日前将盖章确认的《合同执行情况表》提交财务部门	
			配合决算事务	配合财务部做好竣工决算审计工作	
8	直流公司业主项目部	技经专责	办理成本入账	负责未完工程合同签订及发票收集，在报账截止日前向财务部门提交相关业务的合同、发票等报销凭据，办理工程成本入账工作，并负责核对计划资金到位情况及工程债权债务情况	
			提供竣工决算支撑性材料	配合计划部提供施工合同价款结算分析表和施工单位代购设备清单	
			组织相关单位进行现场盘点及验收清单编制	组织现场施工、监理等单位进行工程现场验收盘点工作、确认工程验收现场盘点清单和资产移交清册	
			配合决算事务	配合财务部做好竣工决算编制及审计的其他工作	

8.4　风险管控

1. 风险描述

由于工程竣工决算数据不准确、编制不及时、内容不完整等原因，导致决算报告无法准确反映工程实际投资，影响公司经营成本真实性。

2. 控制描述

（1）加强工程竣工决算管理，推进竣工决算标准化管理，提升竣工决算编报质量与时效；实行工程竣工决算分级审核审批，实现价值管理在工程建设阶段的闭合。

（2）制定工程决算编制方案，加强编制过程控制，聘请专业会计师事务所对决算数据和内容进行全面审核，出具审核报告，报上级主管单位审批备案，保证工程决算数据和内容的真实、准确。

（3）工程竣工决算实行分级审核审批。工程竣工决算报告的具体编制及审批要求按照《国家电网公司工程竣工决算管理办法》执行。各级单位要加快工程竣工决算编制进度，提高工程竣工决算编制质量。

（4）工程竣工验收后，工程管理部门应及时向财务部门提供书面工程竣工验收报告。财务部门在竣工验收当月估价转增固定资产，并按照规定计提折旧。待办理竣工决算手续后再调整资产价值，但不需要调整原已计提的折旧额。估价的基本原则：根据工程概（预）算、合同或者工程实际成本等，以工程管理部门提供的有关估价资料为依据，合理估计工程成本并计入在建工程科目，按照在建工程账面价值估价转入固定资产。

8.5 考核评价

财务部对管控方案中规定的此类业务活动进行检查与考核，考核内容如表8-4所示。

表8-4 考 核 内 容

序号	考核内容	评价项目	评价指标	责任部门
1	工程竣工决算报告编报管理	提供相关材料准确率、及时率	直流公司计划部计划专责提供的项目核准文件、项目可行性研究报告评审意见、工程初步设计概算批复文件、批准概算书、合同及合同清单是否及时和准确无误，否则出现每次减指标分值；未及时清理未完的收尾工程，每次减指标分值；未及时准确提供正式批复的竣工结算报告，每次减指标分值	直流公司计划部
2		物资耗用表编制及时率和准确率、审核材料及时率	直流公司物资部门物资专责及时提供公司设备物资耗用表并准确无误，否则出现每次减指标分值；未及时审核确认工程验收现场盘点清单和资产移交清册，每次减指标分值	直流公司物资部门
3		清理未完收尾工程及时率、提供材料准确率、组织事务及时率、审核材料及时率	直流公司工程管理部门工程专责未及时清理未完的收尾工程，每次减指标分值；直流公司工程管理部门工程专责向财务部提供竣工项目建设总结和工程大事记、竣工验收报告及签证书是否准确无误，出错每次减指标分值；组织办理工程移交生产交接手续，每次减指标分值；未及时审核确认工程验收现场盘点清单和资产移交清册，每次减指标分值	直流公司工程管理部门
4		清理未完收尾工程及时率和准确率、审核材料及时率、合同清理及时率和准确率	直流公司其他业务部门工程专责未及时准确完成未完工程的合同签订及发票收集，未在报账截止日前向财务部门提供相关业务的合同、发票等报销凭证，办理工程成本入账工作，出现每次减指标分值；未及时准确对《合同执行情况表》进行补充完善，并在报账截止日前将盖章确认的《合同执行情况表》提交财务部门，出现每次减指标分值	直流公司其他业务部门
5		现场验收材料完整率、业务清理及时率和准确率	直流公司业主项目组技经专责在竣工投运后进行工程项目的现场验收，形成工程验收现场盘点清单和资产移交清册信息不全造成返工，出现每次减指标分值；负责未完工程合同签订及发票收集，在报账截止日前向财务部门提交相关业务的合同、发票等报销凭据，办理工程成本入账工作，如未及时入账或出错，出现每次减指标分值	直流公司业主项目部

序号	考核内容	评价项目	评　价　指　标	责任部门
6	工程竣工决算报告编报管理	制定决算实施细则、工程核算、分配工程资金、费用分摊、收集传递决算材料及时率、物资耗用表审核及时率、上报决算报告和工程转资及时率和准确率、竣工决算审计	直流公司财务部工程专责未及时制定竣工决算实施细则并组织实施，每次减指标分值；未及时在竣工验收前完成工程所有财务核算工作，每次减指标分值；未及时根据资金计划筹集分配工程各建管单位所需的工程建设资金，每次减指标分值；未及时准确的完成工程其他费用项目分析和分摊工作，每次减指标分值；未及时收集、传递竣工决算资料造成误工，每次减指标分值；未及时审核总部物资部提供的设备物资耗用表（价值部分），并向所属工程项目部办理账务划转和物耗表等资料的移交工作，每次减指标分值；未及时收集并上报总部竣工决算报告，同时及时准确办理资产上划和结余资金上划业务，每次减指标分值；无重大违法、违规行为，无重大数据误差，无重大审增、减等审计经济事项。如有，每次减指标分值	直流公司财务部

附录 A　单项工程资金支出预算申请表

××单项工程资金支出预算申请表

编制单位：

单位：元（人民币）

序号	项目名称	合同执行情况					本次申请资金	支付比例	货款性质	币种	预计付款时间	收款单位				付款账户				建设管理单位	采购订单号
		合同编号	合同金额	累计已申请拨付	累计已支付比例							收款单位	开户行	银行账号		付款单位	开户行	银行账号			
	（一）工程小计																				
1																					

附录 B　合同付款审批单

国家电网公司直流建设分公司合同付款审批单

单位：元

工程（项目）名称			
合同名称			
合同总金额		合同编号	
SAP 订单号			
上期累计支付金额	合同单位	单位名称	
本期申请支付金额（小写）		银行账号	
本期申请支付金额（大写）		开户银行	
分管领导审批	财务部审核	工程管理部门审核	计划部审核	业主项目部/工程建设部经办
年 月 日	年 月 日	年 月 日	年 月 日	年 月 日

附录C　工程投资拨付明细台账

××工程投资拨付明细台账

单位：元

序号	合同号	合同名称	合同金额（万元）	合同签订时间	合同单位	××年度拨付台账																			××年累计金额							
						第一批付款					第二批付款							第三批付款								结算金额	增值税进项税额	发票金额	实际支付金额	应抵预付款金额	应扣保留金金额	采购订单号	备注
						结算金额	增值税进项税额	发票金额	实际支付金额	备注	结算金额	增值税进项税额	发票金额	实际支付金额	应抵预付款金额	应扣保留金金额	备注	结算金额	增值税进项税额	发票金额	实际支付金额	应抵预付款金额	应扣保留金金额	备注								

附录 D　上级拨入资金台账

××年度上级拨入资金台账

序号	日期	凭证号	××单项工程	××单项工程	××单项工程	××单项工程	××单项工程	××单项工程	××单项工程	××单项工程	××单项工程	××单项工程	××单项工程	小计	备注
月计															
累计															

附录 E 增值税发票抵扣清单

国家电网公司直流建设分公司代转增值税抵扣清单汇总表

年 月

金额：元

序号	协同凭证号	项目类型	基建、技改项目名称	单体工程项目定义	单体工程项目名称	采购订单号	采购合同号	设备材料名称	单位工程/分部工程	发票校验凭证编号	发票不含税金额	税额	价税合计	发票张数	认证发票日期	备注
总计																	

项目主管部门（签章）   移交或认证发票单位（签章）

财务经办人：   经办人：   经办人：

联系电话：

填表说明：1. 本表由各移交或认证发票单位按发票逐份填写。

2. 基建项目和技改项目取得的扣税凭证，应详细填写基建、技改项目名称，购买的设备材料拟用于该单项概算项目的单位。

3. 零购项目和成本费用项目取得的扣税凭证（或成本费用项目），不填写基建、技改项目和单位工程。

4. 发票金额、税额、价税合计三列按协同凭证分别进行汇总。

5. 协同凭证号、单体工程项目定义、采购订单号和发票检验凭证编号均由总部 SAP 系统产生。

附录 F　暂估工程成本明细表

暂估工程成本明细表

编制部门（加盖印章）：

编制日期：　　年　　月　　日

单位：元

序号	单项工程名称	暂估事项内容	合同名称	合同号	原合同金额	变更调整金额	调整后合同（预计合同）总金额	拟暂估金额	调整原因	备注

附录 G 合同执行情况表

合同执行情况表

编制部门：　　　　　　　　　业务核对部门：　　　　　　　　　　　　　　　　　　　　　　　　　　　　　　　　　　　单位：元

序号	投资主体名称	单项工程名称	合同名称	合同号	招标情况	合同甲方	合同乙方	原合同金额	变更后合同金额	结算金额	发票开具金额	已确认成本金额	未确认成本金额	合同已支付金额	合同未付金额	合同管理部门	备注

附录 H　工程验收现场盘点清单

工程验收现场盘点清单

单项工程名称：

编制日期：

序号	物料采购情况									物料使用情况	形成设备情况								结余物料情况	
	WBS编码	物料名称	物料编码	计量单位	采购申请数量	采购订单数量	发货数量	规格型号	供应单位制造厂家	实际使用数量	设备分类	设备名称	计量单位	数量	电压等级	设备编码	使用保管部门	资产坐落地点或安装位置（线路起止地点）	应退库数量	实际退库数量
1																				
2																				
3																				
4																				
5																				
6																				
7																				
……																				
验收情况	责任部门：物资部门（盖章）验收人：验收时间：									责任部门：验收人：验收时间：	责任部门：实物资产管理部门（盖章）验收人：验收时间：								责任部门：物资部门（盖章）验收人：验收时间：	

附录 I 资金清算核对表

资金清算核对表

单项工程名称：　　　　　　　　　　　　编制日期：　　　　　　　　　　　　金额单位：元

序号	投资主体账面数据							项目建设相关单位账面数据							差异分析	
	年度	凭证日期	凭证编号	摘要	科目名称	账面发生金额	账面计入的单项工程	年度	凭证日期	凭证编号	摘要	科目名称	账面发生金额	账面计入的单项工程	差异金额	应计入的单项工程
合计																

附录 J 工程监理费付款报审表

JZJ1

工程监理费付款报审表

工程名称： 编号：

致： _____（业主项目部）：

根据_____合同约定。现申请支付_____费用共计_____万元，占合同金额的 ___%。
 	
   截至本次付款前，我单位累计已收到款项_____万元，占合同金额的___%。
 	
   请予审核。
 	
   附件：监理费付款计算表：
 	
<div align="right">监理项目部（章）：
总监理工程师：_____
日   期：_____年___月___日</div>

业主项目部审核意见：   <div align="right">业主项目部（章）： 项目经理：_____ 日   期：_____年___月___日</div>
建设管理单位审批意见：   <div align="right">建设管理单位（章）： 项目负责人：_____ 日   期：_____年___月___日</div>

注 本表一式___份，由监理项目部填写，业主项目部存一份，监理项目部存___份。

附录 K 预付款报审表

工 程 预 付 款 报 审 表

工程名称： 编号：

致＿＿＿＿＿＿＿＿＿＿＿＿工程项目监理部：
我单位已于工程建设管理单位签订施工合同,且已提供了履约保函,现申请支付预付款(大写：＿＿＿＿) ＿＿＿＿＿＿＿＿＿＿＿＿＿＿＿＿＿,请审核。 附件：   承包单位（章）： 项目经理： 日　　期：
项目经理部审查意见：   项目监理部（章） 总监理工程师：
建设管理单位审批意见：   建设管理单位（章）： 项目经理：

注　本表一式＿＿＿份,由承包单位填报,建设管理单位、项目监理部各一份,承包单位＿＿＿份。

附录 L　工程进度款报审表

工程进度款报审表

工程名称：　　　　　　　　　　　　　　　　　　　　　　　　　编号：SZJX3-SG**-***

致　　　　　　　　　　　　项目监理部： 　　我公司于　　　年　　月　　日至　　　年　　月　　日共完成合同价款　　　元，　　　　　按合同规定扣除　　%预付款和　　%质量保证金，特申请支付进度款　　　元，　　　　　请予审核。 　　其中：安全文明施工费本月完成　　　元，原计完成　　　元，完成总额的　　%。 　　附件：ERP 工程资金申请报审表。   　　　　　　　　　　　　　　　　　　　施工项目部（章）： 　　　　　　　　　　　　　　　　　　　项目经理：　　　　　　　　 　　　　　　　　　　　　　　　　　　　日　　期：
监理项目部审核意见：   　　　　　　　　　　　　　　　　　　　监理项目部（章）： 　　　　　　　　　　　　　　　　　　　总监理工程师：　　　　　　　 　　　　　　　　　　　　　　　　　　　专业监理工程师：　　　　　　 　　　　　　　　　　　　　　　　　　　日　　　期：
业主项目部审批意见：   　　　　　　　　　　　　　　　　　　　业主项目部（章）： 　　　　　　　　　　　　　　　　　　　项目经理：　　　　　　　　 　　　　　　　　　　　　　　　　　　　日　　期：

注　1. 本表一式　　份，由施工项目部填报，业主项目部、施工项目部各一份、监理项目部存　　份。

　　2. 每月 15 日前，由施工项目部填报，监理单位审查，报业主项目部审批，列入下月资金计划。

附录 M 质量保证金付款报审表

质量保证金付款报审表

编号：

工程项目名称： 本单位工程开工时间：　　年 月 日　竣工时间：　　年 月 日 投运时间：　　年 月 日 质保期限：自　　年 月 日至　　年 月 日止 　　　　现…………，满足…………，特申请………… 承包单位（章）： 项目经理：　　　　　日期：　　年 月 日	
项目监理部审核意见： 项目监理部（章）： 总监理工程师：　　　　日期：　　年 月 日	
运行单位意见（有无遗留问题及处理建议）： 运行单位（章）： 负责人：　　　　　日期：　　年 月 日	
直流建设分公司	工程建设部门（业主项目部）意见： 工程建设部（章）： 项目经理：　　　　　日期：　　年 月 日
	工程管理部门（换流站部/线路部）意见： 部门负责人签字：　　　日期：　　年 月 日
	安全质量部门意见： 部门负责人签字：　　　日期：　　年 月 日
	合同结算部门（计划部）意见： 部门负责人签字：　　　日期：　　年 月 日
	财务部门意见： 部门负责人签字：　　　日期：　　年 月 日
	档案资料意见： 部门负责人签字：　　　日期：　　年 月 日

本表一式____份，由承包单位填报，监理单位、运行单位、工程建设部各一份，承包单位____份。

附录 N　工程开工报审表

工 程 开 工 报 审 表

工程名称：　　　　　　　　　　　　　　　　　　　　　　　　　　　编号：

致　　　　　　　　　工程项目监理部：
我方承担建设的　　　　　　　　　　　　　工程，已完成开工前各项准备工作，特申请于　　　　年　　月　　日开工，请审查。 □项目管理实施规划（施工组织设计）已审批； □施工图会检已进行； □各项施工管理制度和相应的施工方案已制定并审查合格； □输变电工程施工安全管理及风险控制方案满足要求； □施工技术交底已进行； □施工人力和机械已进场，施工组织已落实到位； □物资、材料准备能满足连续施工的需要； □计量器具、仪表经法定单位检验合格； □特殊工种作业人员能满足施工需要。   施工项目部（章）： 项目经理：　　　　　　　　　　 日　　　期：
监理项目部审查意见：   监理项目部（章）： 总监理工程师：　　　　　　　　　　 日　　　期：
建设管理单位（业主项目部）审批意见： □工程已经核准   <div align="right">建设管理单位（章）： 项目经理： 日　　　期：</div>

本表一式　　　份，由承包单位填报，业主项目部、监理部项目部各一份，施工项目部存　　　份。

第 3 部分

网省投资项目工程财务标准化管理

目　次

第1章 总 则

1.1 目的

为规范网省公司投资、直流公司建管项目工程财务管理行为，遵循专业管理支撑、强化工程财务监督，理清界面、明确任务，加强与属地单位的分工协作、形成合力，深入推进基建财务集约化管理，强化财务管理标准化支撑、切实发挥风险防范职能，大力提高工程财务管理水平，达到精益化管理和高效应用。

1.2 适用范围

适用于网省公司投资、直流公司建设管理的工程项目。

1.3 制度参考

（1）国家电网公司工程财务管理办法。
（2）国家电网公司资金管理办法。
（3）国家电网公司工程竣工决算管理办法。
（4）国家电网公司工程全过程财务管理实施细则。
（5）国家电网公司关于特高压工程财务管理工作的指导意见。
（6）国家电网公司跨区跨省电网工程项目保险管理工作细则。

1.4 全过程工程财务标准化管理内容

为保障网省公司投资主体项目全过程财务管理建设资金供应需求，确保合同资金有序申请和及时支付，结合直流公司工程管理实际情况，将工程投资预算管理流程、工程资金预算申请、工程资金申请和工程款拨付、工程增值税管理、工程项目保险管理及工程项目竣工决算报告编制管理等内容做出具体的分析和阐述。

第 2 章　工程资金预算申请工作

2.1　工作标准

工程资金管理实行"本月申报、下月支付"的原则。财务部归口管理和统筹协调工程资金预算工作，负责审核各部门及单位月度工程资金预算，各部门及业主项目部（工程建设部）按照分工申请本工程所执行合同的工程资金预算。

（1）公司本部执行的合同。各合同执行部门（工程管理部门、计划部、物资监造部、安全质量部、总经部等）每月 15 日前向财务部项目工程专责提交《××月度工程资金支出预算申请表》（附录 A），上报本工程下月工程资金支付预算申请。

（2）业主项目部（工程建设部）执行的合同（监理、施工合同）。业主项目部按照合同履约情况和工程实际完成形象进度编报《××月度工程资金支出预算申请表》，并于每月 15 日前上报财务部项目工程专责。业主项目部计经专责将依据设计工程量，按照招标文件及合同中对价款计算的约定，根据工程现场实际施工进度，审核各施工单位工程进度款的申报金额，并对其准确性、有效性负责。

（3）预算审核和汇总上报。财务部项目专责审核各单位的资金预算申请后，每月 16 日负责汇总项目资金预算上报财务部资金专责和各出资网省公司，财务部资金专责汇总整个工程的下月资金支付预算申请，在每月 18 日前以电子邮件方式上报总部直流建设部。

2.2　业务流程

业务流程如表 2-1。

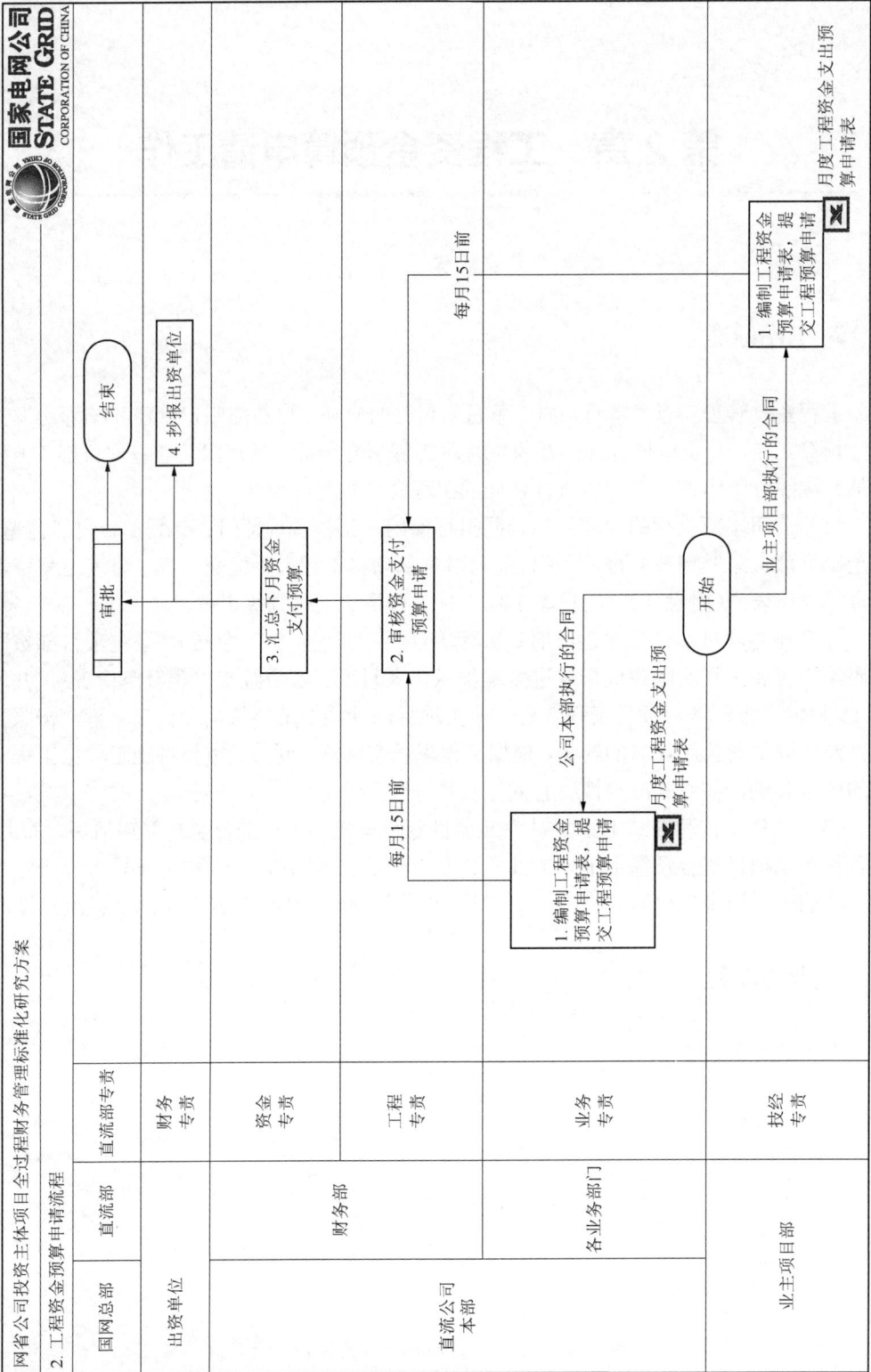

表2-1　网省公司投资主体项目全过程财务管理标准化研究方案

2. 工程资金预算申请流程

			业　务　流　程
国网总部		直流部专责	结束 ← 审批
出资单位	直流部	财务专责	4. 抄报出资单位
	财务部	资金专责	3. 汇总下月资金支付预算
直流公司本部		工程专责	2. 审核资金支付预算申请　（每月15日前）
	各业务部门	业务专责	1. 编制工程资金预算申请表，提交工程预算申请　月度工程资金支出预算申请表　公司本部执行的合同
业主项目部		技经专责	开始 → 1. 编制工程资金预算申请表，提交工程预算申请（每月15日前）　月度工程资金支出预算申请表　业主项目部执行的合同

2.3 总部、出资单位工作界面及直流公司岗位职责

总部、出资单位工作界面及直流公司岗位职责如表 2-2 所示。

表 2-2　　　　　　　　　总部、出资单位工作界面及直流公司岗位职责

序号	所属部门	关键岗位	关键业务	工作界面描述/职责说明	备注
1	总部直流部	直流部专责	资金预算审批	负责审批直流公司提交的单项工程下月资金支付预算	
2	出资单位	财务专责	资金预算确认	负责确认直流公司提交的单项工程下月资金支付预算	
3	直流公司财务部	资金专责	上报下月资金支付预算	负责在每月 18 日负责汇总编制整个工程的下月资金支付预算申请上报国网直流部审批	
		工程专责	审核资金支付预算申请	负责审核、汇总所负责工程下月资金支付预算，传递至财务部资金专责，并抄报出资单位	
4	直流公司本部业务部门	业务专责	提交工程预算申请	负责编制本部门月度工程资金支出预算申请表，在每月 15 日前向财务部项目工程专责提交	
5	直流公司业主项目部	技经专责	提交工程预算申请	负责编制本部门月度工程资金支出预算申请表，在每月 15 日前向财务部项目工程专责提交	

2.4 风险管控

1. 风险描述

由于资金申请方式不当、申请计划安排不合理、协议履行不到位等原因，造成不能满足或超出公司资金需求。

2. 控制描述

（1）加强全面预算管理，依据内控目标编制年度工程资本性支出预算，考虑增值税因素，合理安排工程建设资金，从成本口径和现金流口径全面构建工程资本性支出预算体系。以公司工程项目储备库为基础，按照轻重缓急确定年度投资工程项目并纳入工程资本性支出预算。工程资本性支出预算应细化到具体工程项目，不允许采取打包处理的方式。年度预算一经确定不得随意调整，执行中因客观条件变化需要调整的，按照公司全面预算管理规定执行。

（2）加强资金申请和计划安排审核，严格协议执行，提前沟通协调资金来源，保障公司资金需求。将工程其他费用纳入全面预算管理，规范开支渠道，明确开支范围，细化费用项目，做到真实合规计列、明细列示和清晰反映。

（3）严格执行工程资本性支出预算，确保有预算不超支、无预算不开支，对未列入工程资本性支出预算的工程项目不得安排招投标和支付资金。对于未纳入年度预算和月度预算但确需发生的预算外工程支出，应按规定履行审批程序后实施。会计核算方式要与预算

管理相适应，对各类支出不仅要按财务科目进行归集，还要按具体工程进行归集，以便动态跟踪监控预算的执行情况。

2.5 考核评价

财务部对管控方案中规定的此类业务活动进行检查与考核，考核内容如表 2-3 所示。

表 2-3　　　　　　　　　　　考 核 内 容

序号	考核内容	评价项目	评 价 指 标	责任部门
1	工程资金预算申请	上报预算申请及时率	各业务部门未在申请月 15 日前上报工程资金预算申请，每次减指标分值	各业务部门
2		上报预算申请及时率	业主项目部未在申请月 15 日前上报本工程下月工程资金支付预算申请，每次减指标分值	业主项目部
3		报送预算申请及时率、操作资金预算准确率	工程资金预算待公司审批后 2 天内没有在财务管控系统及时报送，每次减指标分值	财务部

第3章 工程资金支付手续办理工作

3.1 工作标准

根据总部直流建设部批复下达的工程资金预算,财务部分别下达给各预算申请单位,各申请单位按照通过批复的资金预算督促合同乙方办理付款手续。

公司本部各业务部门按上月通过批复的资金预算申请,负责付款单据的收集(包括合同付款审批单、发票、工程进度款报审表等付款支撑性材料),办理部门内部及会签部门付款手续签字流转,并编制《××工程投资拨付明细台账》(附录B),仅需提供电子表格,并自行留存备查。每月6日前将完成所有签字手续的单据随同付款原始单据清单传递给财务部项目工程专责。

业主项目部所执行的施工、监理合同,由业主项目部发起纸质申请,付款资料完成现场相关签字流转后,需编制《××工程投资拨付明细台账》(附录C)《××月度工程资金支付手续备查表》,每月6日前提交财务部审核。财务部项目工程专责收集齐全该工程的付款单据后,审核签字签章的完整性,单价、总价的一致性等,负责办理公司内部汇签手续。本部工程管理部门(换流站管理部、线路部)对订单执行的正确性和手续的完整性负责,计划部将工程进度款的结算金额与工程现场实际进度是否相符合,并核查与资金年度计划和季度用款计划的匹配度负责。

财务部按照总部下达的预算,对当月收到的工程付款业务原始凭证及相关资料进行审核,审核通过后在"合同付款审批单"上签字确认。并提请公司分管领导签批后,加盖公司公章,汇总填写《××工程投资拨付明细台账》和《××月度工程资金支付手续备查表》,于10日前将原始单据清单编号、合同付款审批单、工程进度款报审表一套,一并寄往投资单位,并督促其及时核拨当月工程款。

3.2 业务流程

业务流程如表3-1和表3-2所示。

表3-1

网省公司投资主体项目全过程财务管理标准化研究方案

3. 工程资金支付申请和工程款拨付流程（1）

业 务 流 程 （1）

国家电网公司 STATE GRID CORPORATION OF CHINA

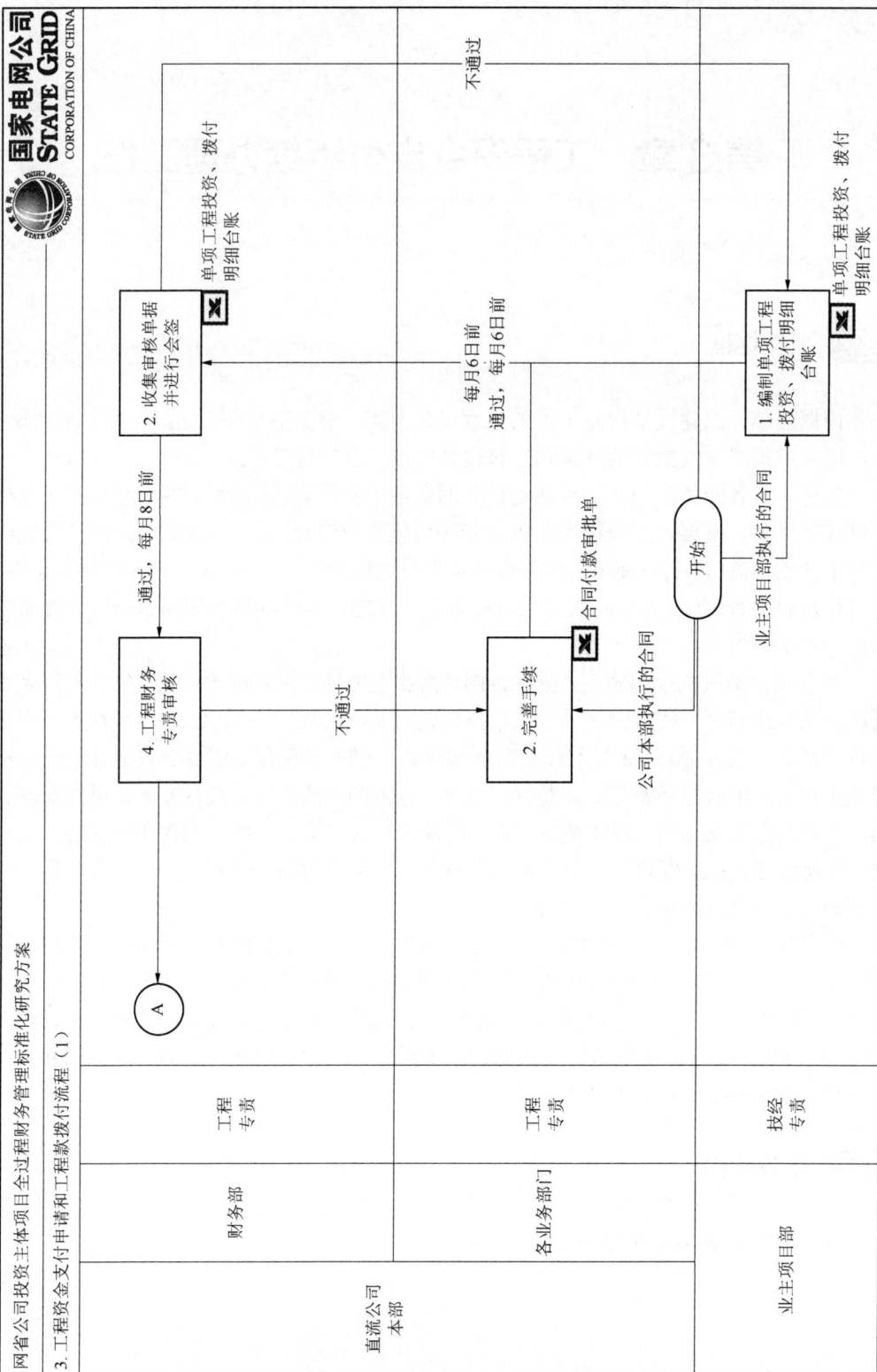

工程资金支付申请和工程款拨付流程（1）

直流公司本部	财务部	工程专责
	各业务部门	工程专责
业主项目部		投经专责

流程节点：
- 4. 工程财务专责审核
- 2. 完善手续
- 合同付款审批单
- 开始
- 1. 编制单项工程投资、拨付明细台账
- 2. 收集审核单据并进行会签
- A
- 单项工程投资、拨付明细台账
- 不通过
- 通过，每月8日前
- 通过，每月6日前
- 每月6日前
- 公司本部执行的合同
- 业主项目部执行的合同

网省公司投资主体项目全过程财务管理标准化研究方案

3. 工程资金支付申请和工程款拨付流程（2）

表3-2　业　务　流　程（2）

业务流程图内容：

- 直流公司本部
  - 出资单位 —— 财务专责
  - 公司领导 —— 各业务部门领导
  - 资金专责
  - 财务部 —— 工程专责

流程节点：

A（直流公司执行合同）→ 1. 项目工程专责在合同付款审批单上签字确认 → 2. 审批

- 不通过 → 返回
- 通过 → 4. 资金专责确认当月应支付的工程资金款项

3. 项目工程专责汇总填写预算申请确认表（单项工程资金支出预算申请确认表）

4. 资金专责确认当月应支付的工程资金款项（单项工程资金支出预算申请确认表）

5. 工程专责建立上级拨入资金明细台账（工程资金到账后 / 上级拨入资金明细台账）

6. 资金专责支付本月工程进度款（单项工程资金申请确认表）

7. 核拨当月工程款 → 结束

3.3 出资单位工作界面及直流公司岗位职责

出资单位工作界面及直流公司岗位职责如表 3-3 所示。

表 3-3 出资单位工作界面及直流公司岗位职责

序号	所属部门	关键岗位	关键业务	工作界面描述/职责说明	备注
1	出资单位	工程管理专责	核拨当月工程款	负责收集审核直流公司寄送的原始单据清单编号、合同付款审批单、工程进度款报审表，审核完成后核拨当月工程款	
		财务专责	支付当月工程款	负责对当月收到的工程付款相关资料进行审核及支付	
2	直流公司财务部	工程专责	收集审核单据并进行会签	负责在付款月 6 日前将完成所有前期手续的单据传递给财务部工程专责	
			收集审核单据并提请领导签批	负责对当月收到的工程付款业务原始凭证及相关资料进行审核，审核通过后在"合同付款审批单"上签字确认，提请公司分管领导签批，并在 10 日前传递至出资单位	
			填写预算申请确认表	汇总填写本月度《单项工程资金支出预算申请确认表》	
		资金专责	确认工程款	根据各财务项目工程专责当月上报的《单项工程资金支出预算申请确认表》，并上报直流建设部和出资单位	
3	直流公司业主项目部	技经专责	提报支付申请	负责发起业主项目部执行合同的纸质支付申请，付款资料完成现场相关签字流转后，编制《单项工程投资、拨付明细台账》（附录 C），每月 6 日前提交公司工程管理部门审核	
4	直流公司工程管理部门、计划部	工程专责	对当月付款资料进行会签	负责对当月收到的工程付款业务原始凭证及相关资料进行审核，审核通过后在"合同付款审批单"上签字确认	

3.4 风险管控

1. 风险描述

由于资金收支核算不统一、资金支付审批不严等原因，造成公司资金流失，影响资金安全。

2. 控制描述

（1）设置多层级支付体系，加强资金付款手续和支持性单据审核，实行资金全过程实时监控，保障公司资金安全。

（2）建立资金使用审批制度，切实加强资金支付管理，规范工程付款。工程管理部门应根据工程实施进度，向财务部门报送月度资金预算，经审核批准后，纳入次月资金支付月度预算。

（3）构建以公司总部为资金配置和管理调控中心、中国电财为资金结算和归集平台、各级单位为资金使用管理单位的资金集中管理体系。以中国电财为集团账户运作载体，依托商业银行的现金管理产品，构建以集团账户为核心的账户管理体系，集中管理银行账户开立与资金归集。公司资金归集实行横向集中、纵向归集、自下而上、逐级递次归集的方式。

（4）按照"一行一户"原则，统一制定各层级、类型单位账户管控标准，对账户开立、变更及撤销实行审批备案管理。各级单位银行账户必须纳入财务部门统一管理，未设置财务机构的任何单位和部门不得在金融机构开立银行账户。所有银行账户均须纳入公司统一监控体系。

（5）建立"统一预算、分级支付"的支出管理模式，实行收支两条线和资金集中支付。各级单位所有支出必须纳入现金流量预算，无预算不得对外支付。

各级单位应按照支付金额大小实行分级支付，限额以上支出由各单位本部银行账户集中办理。

各级单位应建立健全资金支付审批机制，规范支付业务流程，确保支付规范、安全、高效。

3.5 考核评价

财务部对管控方案中规定的此类业务活动进行检查与考核，考核内容如表 3-4 所示。

表 3-4　　　　　　　　　　考　核　内　容

序号	考核内容	评价项目	评　价　指　标	责任部门
1	工程资金支付申请和工程款的拨付	传递业务单据及时率	各业务部门未在付款月 6 日前将完成所有签字前期手续的单据传递给财务部项目工程专责，每次减指标分值	各业务部门
2		传递业务单据及时率	业主项目部未在每月 6 日前将《工程投资拨付明细台账》提交本部财务部门审核，每次减指标分值	业主项目部
3		传递业务单据完整性和准确率	本部工程管理部门（换流站管理部、线路部）对订单执行的正确性和手续的完整性负责，计划部将工程进度款的结算金额与工程现场实际进度是否相符合，对核查与资金年度计划和季度用款计划的匹配度负责。报错，每次减指标分值	工程管理部门、计划部
4		传递业务单据完整性和准确率	各业务部门、业主项目部的本月资金支付手续不齐全不完整，申报数量错误造成返工，每次减指标分值	各业务部门、业主项目部
5		工程资金确认及时率、操作资金支付准确率	财务部资金专责没有在收集付款确认单后的 2 个工作日内向直流建设部上报支付确认单，每次减指标分值；工程专责未在收集本月付款手续后 1 个工作日内传递给出资公司，出现每次减指标分值	财务部

第4章 工程增值税管理

4.1 工作标准

4.1.1 纳税义务人

营改增以后，建筑安装企业为增值税纳税义务人。承包人，即施工单位在项目所在地缴纳增值税，直流公司作为项目建设管理单位有指导、解释、协调涉税事项的责任，所以本节主要以建设管理承包人为对象提出指导性意见。

4.1.2 纳税时间

增值税纳税义务发生的时间节点有收到预付款、工程报量、合同载明的具体付款时间，如果合同没有载明付款时间，就是应税服务完成的当天（工程竣工投产当天）。在上述几个时点上，承包单位（施工单位）应及时缴纳增值税，并开具相应金额的发票（收到预付款除外，开具收据即可）。

4.1.3 纳税地点

公司所建管的工程项目均属于"跨县（市、区）提供建筑服务"，需要各承包单位（施工单位）在项目所在地税务机关（国税局）预缴税款。

4.1.4 发票开具要求

网省公司投资、直流公司所建管的项目，购买方信息必须与网省公司开票信息一致，发票内容完整。

4.1.5 发票的收集与整理

各部门及业主项目部、委托账套公司负责收集、整理增值税发票，在发票开出后2个月内将发票送达直流公司财务部，并随同发票提交《增值税抵扣清单汇总表》（附录E），配合做好增值税发票的认证工作。

4.1.6 发票的认证

由于网省公司投资项目的所有发票开具时，发票抬头均必须为出资单位，故增值税发票的认证应由出资单位公司操作。公司财务部配合出资单位在当地开通增值税异地认证客户端，各业务执行部门必须将需要认证的增值税发票在发票开出后一个月内交公司财务部。

财务部将各部门需要认证的增值税编制增值税抵扣清单（附录F），将抵扣清单盖章后，和增值税发票抵扣联一并寄往出资单位办理增值税进项税网络认证。

4.2 业务流程

业务流程如表 4-1 所示。

表 4-1

网省公司投资主体项目全过程财务管理标准化研究方案

4. 工程增值税管理流程

组织	岗位	业务流程
出资单位	财务部	工程专责
直流公司本部	财务部	工程专责
	各业务部门	工程专责
业主项目部		技经专责

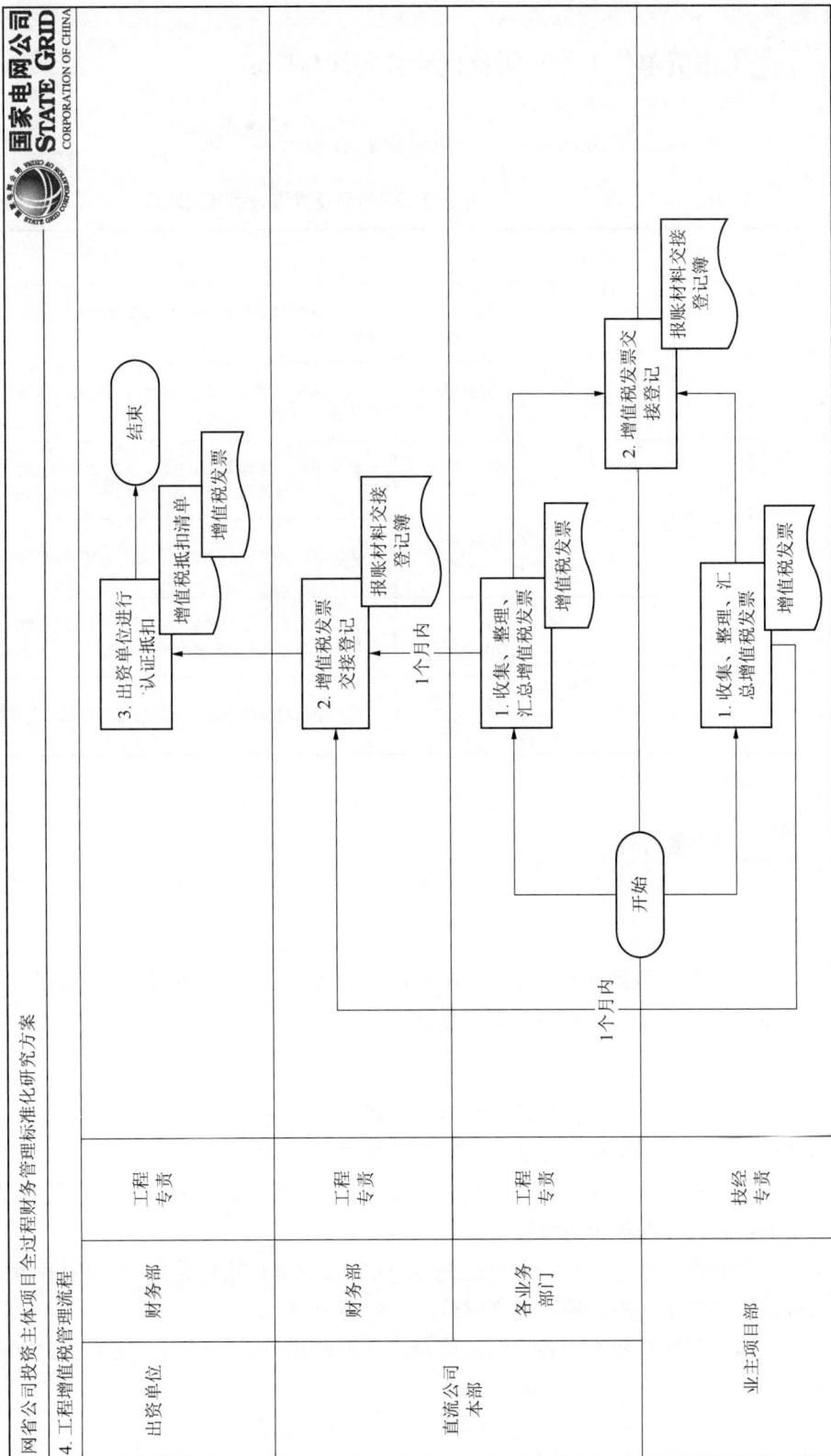

国家电网公司　STATE GRID　CORPORATION OF CHINA

流程节点：

3. 出资单位进行认证抵扣 → 结束（增值税抵扣清单、增值税发票）

2. 增值税发票交接登记（报账材料交接登记簿、增值税发票）　1个月内

1. 收集、整理、汇总增值税发票（增值税发票）　1个月内

2. 增值税发票交接登记（报账材料交接登记簿、增值税发票）

1. 收集、整理、汇总增值税发票（增值税发票）

开始

4.3 出资单位工作界面及直流公司岗位职责

出资单位工作界面及直流公司岗位职责如表 4-2 所示。

表 4-2　　　　　　　　　　出资单位工作界面及直流公司岗位职责

序号	所属部门	关键岗位	关键业务	工作界面描述/职责说明	备注
1	出资单位财务部	工程专责	增值税发票抵扣	负责对直流公司提交的网省投资项目的所有增值税发票进行抵扣	
			增值税发票认证	负责在每月对直流公司收到的所有增值税发票进行增值税认证	
2	直流公司业主项目部	工程专责	收集、整理增值税发票	负责收集、整理增值税发票,在发票开出后 1 个月内将发票送达公司财务部,配合做好增值税发票的认证工作	
			增值税发票交接	负责增值税发票交接登记,填写报账材料交接登记簿	
3	直流公司财务部	工程财务专责	增值税发票收集	负责将需要认证的增值税编制增值税抵扣清单(附录 D),将抵扣清单盖章后,和增值税发票抵扣联一并寄往出资单位	
			增值税发票交接	负责增值税发票交接登记,填写报账材料交接登记簿	

4.4 风险管控

1. 风险描述

由于财税政策理解不到位、增值税税票认证、纳税申报不及时等原因,导致税金未及时足额缴纳,公司面临监管部门处罚。

2. 控制描述

(1)定期与主管部门沟通协调,了解掌握最新财税政策,优化公司财税策划,加强纳税申报审核,保障税金及时足额认证、抵扣、缴纳。

(2)依托一体化信息技术平台,建立健全财税管理机制,加强财税基础管理,提升财税管控手段,防控公司财税风险。

(3)严格执行财政资金管理制度,规范财政资金项目管理,加强财政预算申报及执行,确保财政资金使用合规,提高财政资金使用效率。

(4)定期积极组织各项财税检查,规避财税风险,确保不发生重大财税事件。

4.5 考核评价

财务部对管控方案中规定的此类业务活动进行检查与考核，考核内容如表 4-3 所示。

表 4-3　　　　　　　　　　　　　考 核 内 容

序号	考核内容	评价项目	评 价 指 标	责任部门
1	工程发票管理	发票提交及时率、发票信息准确率	各业务部门及业主项目部未在发票开出后 1 个月内将发票送达直流公司财务部，每次减指标分值；发票金额不准确，不完整的情况，每次减指标分值	各业务部门、业主项目部
2		增值税收收集及时率	财务部未在每月将收集各部门提交的增值税发票及时寄往出资单位，每次减指标分值	财务部

第5章 工程项目保险管理标准

根据《国家电网公司财产保险管理暂行办法》，总部直投工程项目由国网总部统一投保建筑/安装工程一切险（含第三者责任险）、团体人身意外伤害险等险种。

工程项目保险由公司财务部归口管理，指导英大长安保险经纪集团有限公司（以下简称"长安经纪"）和承保公司开展日常服务工作，业主项目部、工程施工单位以及其他工程关系方配合实施。内容包括工程项目保险安排、保险培训、日常服务管理、保险索赔及赔款划拨等。

5.1 工作标准

公司财务部根据工程项目特点，向长安经纪提出开展工程项目保险工作的有关建议。

本部工程管理部门和业主项目部组织开展工程项目现场日常风险管理和防灾防损工作，确定业主项目部和施工、监理单位及其他相关方保险专责人员，并报财务部。

工程建设期间，公司财务部在业主项目部、保险机构协助下，组织各施工单位、监理单位及其他相关方开展保险培训工作；保险机构负责授课，详细讲述保险合同内容、索赔工作流程及有关事项。

在工程建设关键阶段和自然灾害频发时期，业主项目部配合保险机构积极开展保险日常走访和风险查勘工作，现场解答保险工作中存在的疑难事项。

工程项目保险索赔工作由公司财务部和本部工程相关管理部门进行指导，长安经纪协助业主项目部开展有关工作，要求有关施工、监理单位予以积极配合，具体工作程序如下：

（1）工程遭受自然灾害或发生意外事故时，业主项目部应组织施工、监理单位或其他工程相关方及时向保险公司及长安经纪报案。并同时向本部工程管理部门和财务部报告。对于火灾、爆炸、盗窃等事件，还应及时向工程所在地的消防、公安等部门报案，获得有关证明资料。

（2）工程出险后，业主项目部应组织施工单位和其他工程相关方采取一切必要、合理的措施防止损失进一步扩大。同时对受损标的通过录像、拍照等方式保留保险索赔相关证据。

（3）本业主项目部应积极为保险机构现场察勘提供便利和支持，按照保险索赔要求，组织施工单位及其他工程相关方及时整理收集事故技术分析报告、工程修复（概）预算、事故现场影像等索赔资料，并在出险后 30 日内收集齐全，由本部工程管理部门、业主项目部统一签章确认且提交公司财务部、长安经纪公司，由长安经纪审核后向保险公司移交。

（4）财务部、业主项目部对理赔结果进行确认后，由长安经纪出具赔付建议书，保险公司出具正式理赔工作报告，并最终将保险赔款划至直流公司。

（5）财务部在保险赔款划拨至直流公司账户后，通过业主项目部通知受损单位，由受损单位对保险赔付结果进行书面签章确认。即由出险单位上报台头为国家电网公司直流建设分公司的申请赔付报告（红头文件），详细列明出险原因、损失金额、保险公司核定金额、划款账户等，并由业主项目部经理签字、加盖工程建设部公章后报财务部办理付款手续。

（6）财务部在收到保险赔付结果书面确认单和受损单位开具的收据后办理保险赔款支付手续。

工程竣工投产后，计划部根据保险赔付与工程结算相挂钩原则，在工程结算时根据实际情况予以确认。

5.2 业务流程

业务流程如表 5-1 所示。

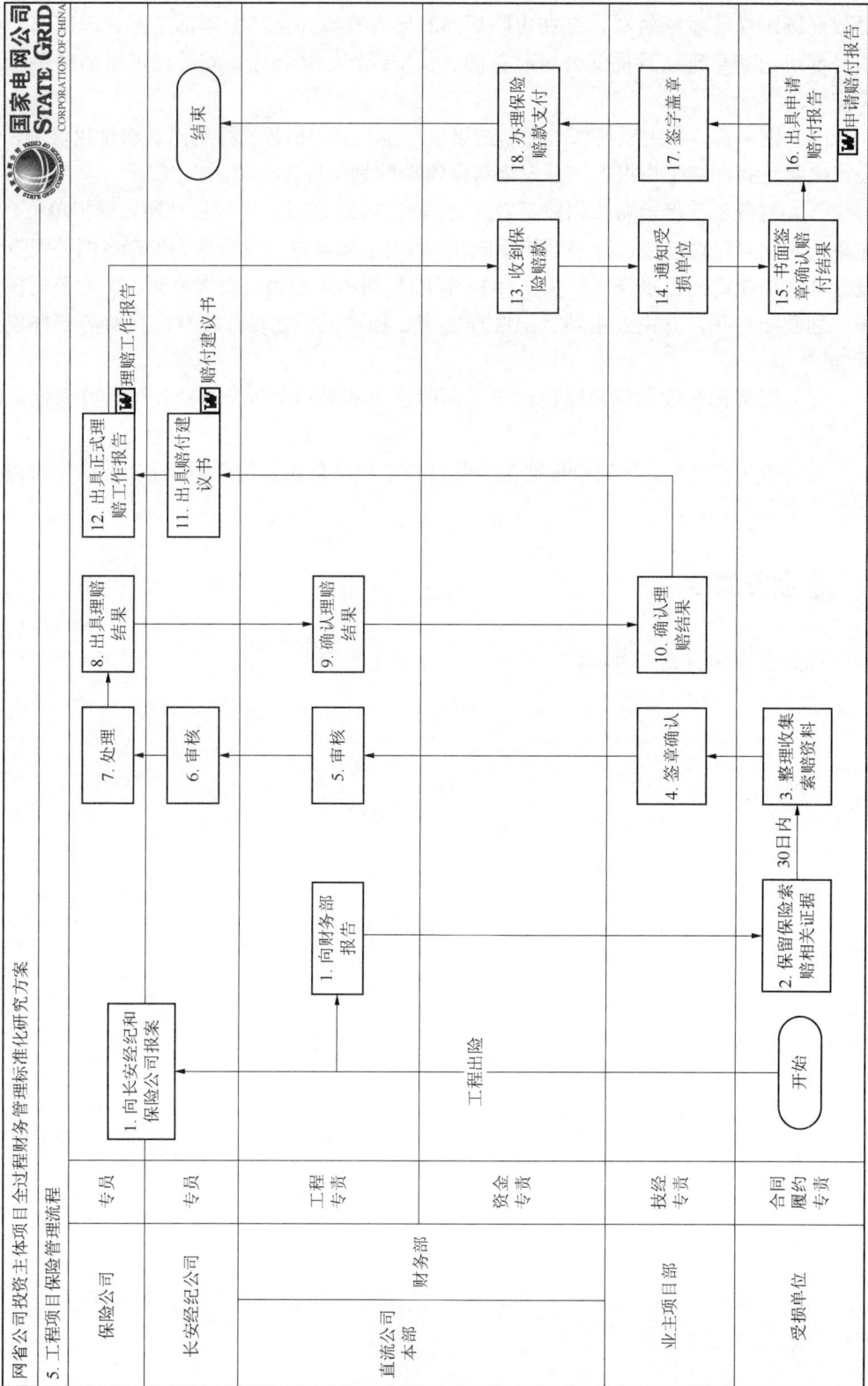

表5-1

网省公司投资主体项目全过程财务管理标准化研究方案

5. 工程项目保险管理流程

业 务 流 程

部门	岗位	流程
保险公司	专员	1. 向长安经纪和保险公司报案 → 7. 处理 → 8. 出具理赔结果 → 12. 出具正式理赔工作报告（理赔工作报告 W）
长安经纪公司	专员	6. 审核 → 11. 出具赔付建议书（赔付建议书 W）
直流公司本部 财务部	工程专责	1. 向财务部报告 → 5. 审核
	资金专责	9. 确认理赔结果 → 13. 收到保险赔款 → 18. 办理保险赔款支付 → 结束
业主项目部	技经专责	4. 签章确认 → 10. 确认理赔结果 → 14. 通知受损单位 → 17. 签字盖章
受损单位	合同履约专责	开始 → 工程出险 → 2. 保留保险索赔相关证据（30日内）→ 3. 整理收集索赔资料 → 15. 书面签章确认赔付结果 → 16. 出具申请赔付报告（申请赔付报告 W）

5.3 总部及相关单位工作界面及直流公司岗位职责

总部及相关单位工作界面及直流公司岗位职责如表 5-2 所示。

表 5-2　　　　　　　　总部及相关单位工作界面及直流公司岗位职责

序号	所属部门	关键岗位	关键业务	工作界面描述/职责说明	备注
1	保险公司	专员	处理索赔业务	负责对长安经纪公司提交的索赔材料进行审核，审核通过后针对索赔事项进行分析和处理	
			出具理赔结果	针对索赔材料进行处理后出具理赔结果，并下发至直流公司相关部门进行确认	
			出具正式理赔报告	负责按照长安经纪公司提交的赔付建议书，出具正式理赔工作报告，并最终将保险赔款划至直流公司	
2	长安经纪公司	专员	审核索赔材料	负责对公司工程管理部门提交的索赔资料进行审核，完成后向保险公司进行移交	
			出具赔付建议书	负责按照公司各业务部门确认的理赔结果出具赔付建议书，提交至保险公司由其进行后续处理	
3	直流公司财务部	工程专责	组织开展保险培训工作	根据工程项目特点，向长安经纪提出开展工程项目保险工作；并组织工程参建单位开展保险培训工作	
			审核确认理赔结果	负责对保险公司出具的理赔结果进行审核确认，并转发至公司工程部门由其进行下一步的确认	
		资金专责	接收保险赔款	负责在保险赔款划拨至公司账户后及时通知业主项目部将赔付结果告知受损单位	
			办理保险赔款支付	负责在收到保险赔付结果书面确认单和受损单位开具的收据后办理保险赔款支付手续	
4	直流公司业主项目部	技经专责	组织受损单位汇报受损情况，保留索赔证据	负责组织受损单位向保险公司及长安经纪报案。并同时向本部工程管理部门和财务部报告，同时组织受损单位对通过录像、拍照等方式保留索赔证据	
			签章确认索赔资料	负责对受损单位提交的索赔资料进行统一签章确认，完成后提交至本部工程管理部门由其进行下一步签章确认	
			审核确认理赔结果	负责对保险公司出具的理赔结果进行审核确认，完成后通知长安经纪公司由其进行后续处理	
			通知受损单位理赔结果	负责将理赔结果和款项告知受损单位，并要求其对理赔结果和款项进行书面签章确认	
			审核申请赔付报告	负责对受损单位提交的申请赔付报告进行审核，由业主项目部经理签字、加盖工程建设部公章后报财务部办理付款手续	
5	受损单位	合同履约专责	整理收集索赔材料	负责整理收集事故技术分析报告、工程修复（概）预算、事故现场影像等索赔资料，并在出险后 30 日内收集齐全，提交至业主项目部	
			签章确认赔付结果	负责对理赔结果和款项进行书面签章确认	
			出具申请赔付报告	负责出具"申请赔付报告（红头文件）"，详细列明出险原因、损失金额、保险公司核定金额、划款账户等	

5.4 风险管控

1. 风险描述

由于赔偿条款理解不到位、手续资料不齐全等原因，导致出险赔付不及时或评估标准未达到损失额度，工程投资面临损失。

2. 控制描述

（1）聘请专业保险经纪公司，开展现场保险培训，增强人员出险意识，专业人员参与完成与保险公司沟通协调，办理出险手续，保障出险赔付及时足额。

（2）投保方案必须合理合规，保证公司保险工作的执行，做到保护公司财产不存在潜在的资产受损风险。

（3）事故名称、出险原因、经过、施救措施、损失情况和估计损失金额等内容必须正确无误，保证公司保险的有效赔付。

（4）索赔资料必须符合保险合同约定条款，出险原因及估计损失金额的相关单证资料证明必须齐全，并符合保险公司理赔要求，保证公司保险的有效赔付。

5.5 考核评价

财务部对管控方案中规定的此类业务活动进行检查与考核，考核内容如表 5-3 所示。

表 5-3　　　　　　　　　考 核 内 容

序号	考核内容	评价项目	评 价 指 标	责任部门
1	工程项目保险管理	材料提交及时率、提交资料完整率	施工、监理单位或其他工程报案不及时、提交索赔资料滞后等情况，每次减指标分值；提交的索赔资料信息不全造成返工，每次减指标分值；提交的"申请赔付报告（红头文件）"信息不全造成返工，每次减指标分值	施工、监理单位或其他工程相关方
2		收集材料及时率	业主项目部未在出险后 30 日内将索赔资料收集齐全，每次减指标分值	业主项目部
3		结果下达及时率、办理业务及时率	财务部未及时通过业主项目部通知受损单位理赔结果，每次减指标分值；在收到保险公司赔付款 2 个工作日内向受损单位办理保险赔款支付，每次减指标分值	财务部

第6章　配合竣工决算报告的编制

6.1 工作标准

按照《国家电网公司工程竣工决算管理办法 》的规定和出资单位对工程建设管理单位的要求，应在工程完工后配合出资单位做好竣工决算编制的如下工作：

在竣工投产 10 日内，各业务部门、业主项目部需向财务部提供本部门所执行合同的《合同执行情况表》（附录 E）；各部门和业主项目部根据各自的《合同执行情况表》对合同金额发生变更需重新确定合同价款的、尚未签订合同的、不需签订合同但尚未入账的事项及费用进行暂估，填列《暂估工程成本明细表》（附录 F），由计划部审核汇总后提供给财务部；业主项目部提供经本部工程管理部门审核通过后的《工程验收现场盘点清单》（附录 G）等竣工决算报告编制依据。

各业务部门在该工程结算批复下达后，关账截止日前，提交所执行的合同台账、合同付款审批单，发票等报销凭据，配合出资单位及时办理工程成本入账工作。

6.2 业务流程

业务流程如表 6-1 和表 6-2 所示。

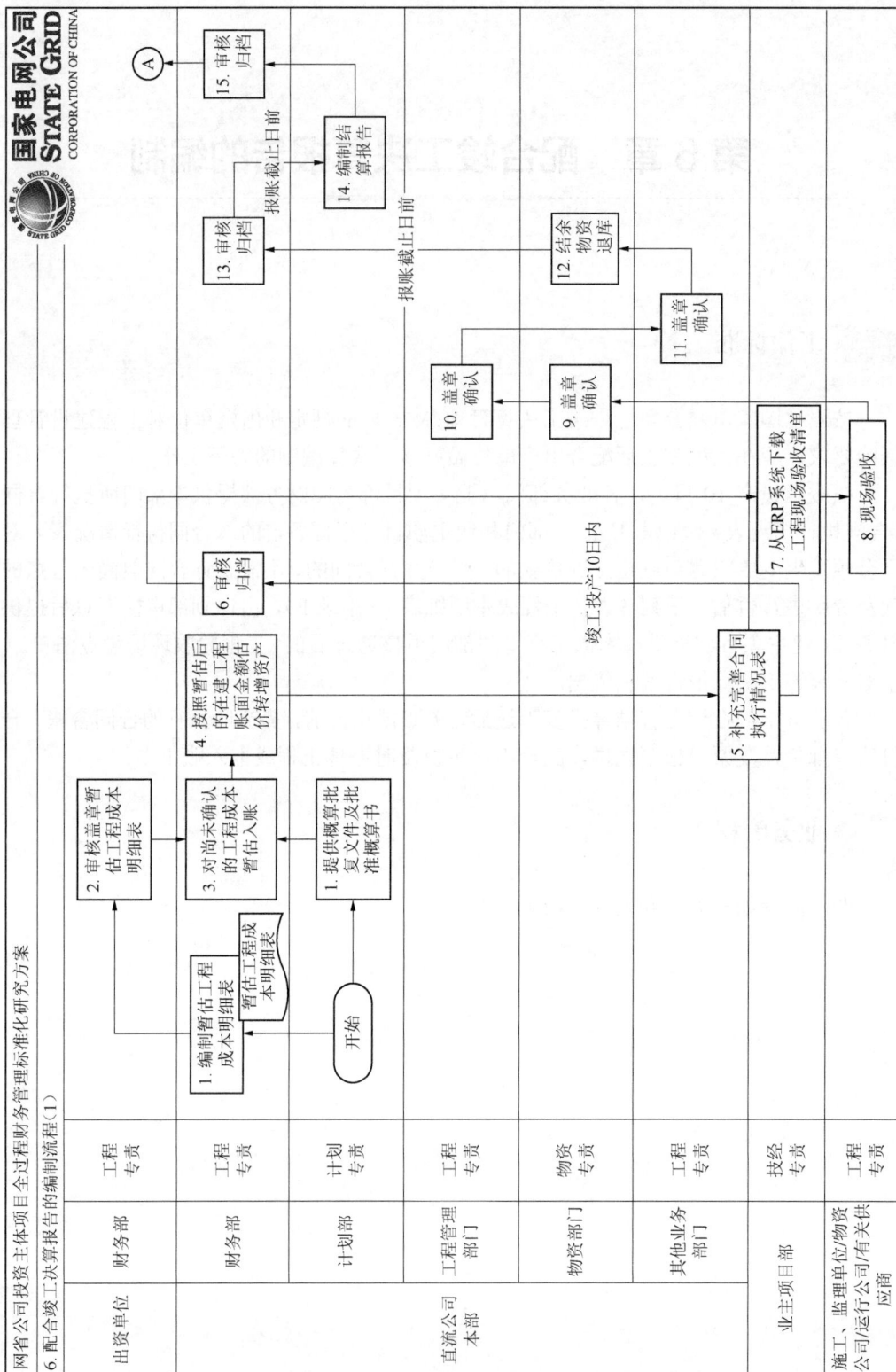

表6—1

6. 配合竣工决算报告的编制流程（1）

6. 配合竣工决算报告的编制流程（1）

网省公司投资主体项目全过程财务管理标准化研究方案

业　务　流　程　（1）

			业务流程（1）
出资单位	财务部	工程专责	1. 编制暂估工程成本明细表 → 暂估工程成本明细表
	财务部	工程专责	2. 审核盖章暂估工程成本明细表
	计划部	计划专责	3. 对尚未确认的工程成本暂估入账
直流公司本部	工程管理部门	工程专责	4. 按照暂估后的在建工程账面金额价结转增资产
	物资部门	物资专责	
	其他业务部门	工程专责	5. 补充完善合同执行情况表
业主项目部		技经专责	7. 从ERP系统下载工程现场验收清单
施工、监理单位/物资公司运行公司有关供应商		工程专责	8. 现场验收

开始

1. 提供概算批复文件及批准概算书

9. 盖章确认

10. 盖章确认

11. 盖章确认

12. 结余物资退库

13. 审核归档

14. 编制结算报告

6. 审核归档

15. 审核归档

A

竣工投产10日内

报账截止日前

报账截止日前

· 106 ·

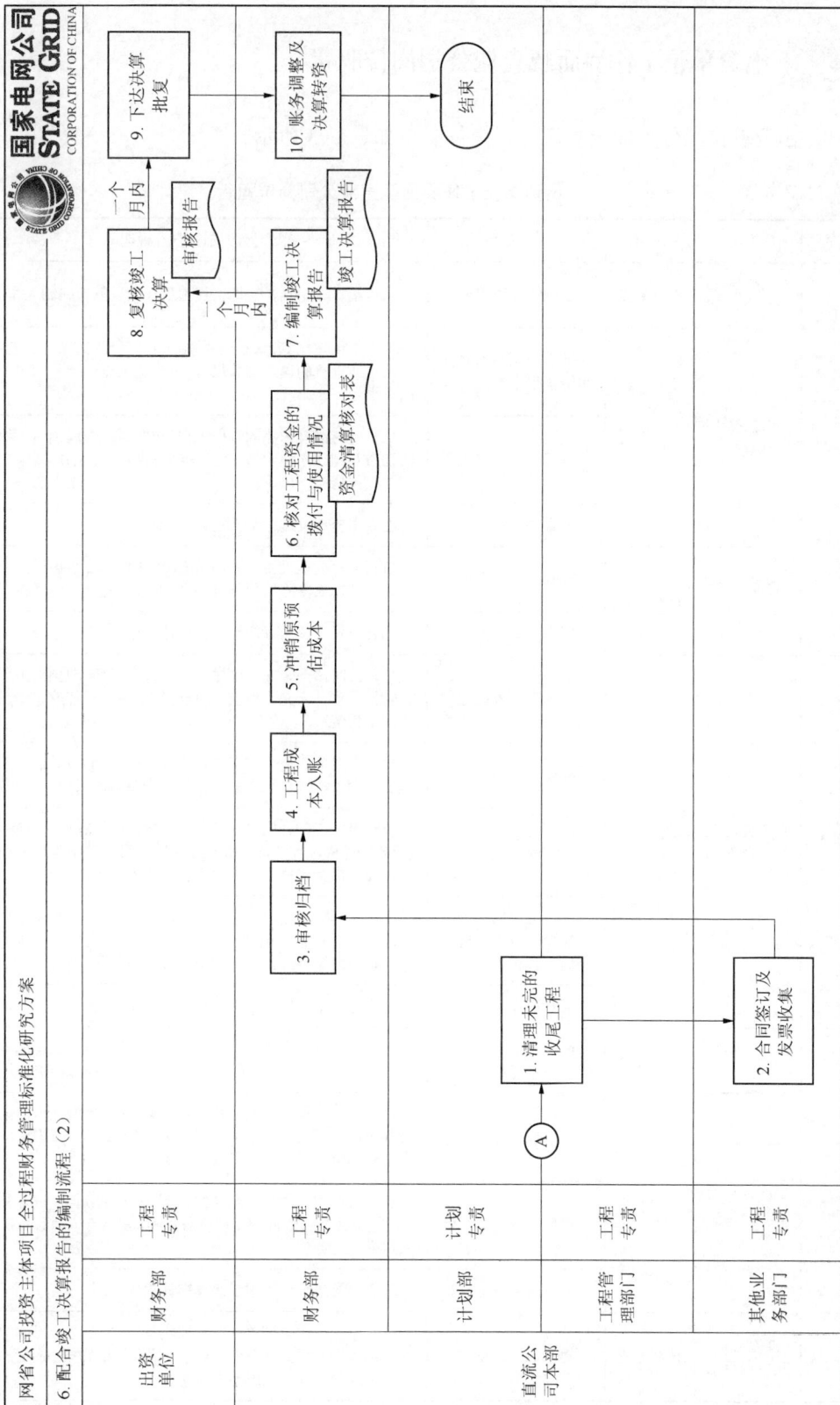

表6-2

网省公司投资主体项目全过程财务管理标准化研究方案

6. 配合竣工决算报告的编制流程（2）

业 务 流 程 （2）

出资单位	财务部	工程专责							9. 下达决算批复
			3. 审核归档	4. 工程成本入账	5. 冲销原预估成本	6. 核对工程资金的拨付与使用情况 资金清算核对表	7. 编制竣工决算报告 竣工决算报告	8. 复核竣工决算 审核报告 一个月内	10. 账务调整及决算转资
	财务部	工程专责						一个月内	结束
	计划部	计划专责							
直流公司本部	工程管理部门	工程专责	1. 清理未完的收尾工程						
	其他业务部门	工程专责	2. 合同签订及发票收集						

6.3 出资单位工作界面及直流公司岗位职责

出资单位工作界面及直流公司岗位职责如表 6-3 所示。

表 6-3　　　　　　　　　　　　　出资单位工作界面及直流公司岗位职责

序号	所属部门	关键岗位	关键业务	工作界面描述/职责说明	备注
1	总部财务部/总部直流部	工程专责	组织竣工决算编制	负责组织、指导、协调工程项目竣工决算的编制工作	
2	直流公司计划部	计划专责	提供合同结算文件和结算报告	负责提供按概算口径计列的施工合同价款结算分析表，以及正式批复的竣工结算报告；负责提供正式批复的竣工结算报告	
			清理未完收尾工程	负责及时清理未完的收尾工程，按照概算合理预估工程实物量及预计未完价值，在工程结算报告中详细反映未完收尾工程情况	
			配合决算事务	配合出资单位做好竣工决算审计工作	
3	直流公司物资部门	物资专责	编制物资耗用表	负责编制公司设备物资耗用表，审核物资公司提供的设备物资耗用表（除价值外），并向财务部提供上述资料	
			配合决算事务	配合出资单位做好竣工决算审计工作	
4	直流公司工程管理部门	工程专责	清理未完收尾工程	负责及时清理未完的收尾工程，按照概算合理预估工程实物量及预计未完价值，在工程结算报告中详细反映未完收尾工程情况	
			提供工程竣工文件	负责向财务部提供竣工项目建设、施工、设计、监理工程总结和工程大事记、竣工验收报告及签证书	
			提供原始凭据	负责未完工程合同签订及发票收集，在报账截止日前向出资单位财务部提交相关业务的合同、发票等报销凭据，配合出资单位及时办理工程成本入账工作	
			组织、审核现场验收清单和资产清册，办理工程移交	组织工程现场验收盘点工作、审核确认工程验收现场盘点清单和资产移交清册；组织办理工程移交生产交接手续，负责向财务部提供实物资产移交清册	
			配合决算事务	配合出资单位做好竣工决算审计工作	
5	直流公司财务部	工程专责	配合出资单位编制竣工决算材料	配合出资单位提供《合同执行情况表》《暂估工程成本明细表》《工程验收现场盘点清单》等竣工决算相关材料	
6	直流公司其他业务部门	工程专责	提供原始凭据	负责未完工程合同签订及发票收集，在报账截止日前向财务部门提交相关业务的合同、发票等报销凭据工作，配合出资单位及时办理工程成本入账工作	
			合同清理	负责对本部门所执行合同的《合同执行情况表》进行补充完善，并在报账截止日前将盖章确认的《合同执行情况表》提交财务部门	
			配合决算事务	配合出资单位做好竣工决算审计工作	
7	直流公司业主项目部	技经专责	提供原始凭据	负责未完工程合同签订及发票收集，在报账截止日前向财务部门提交相关业务的合同、发票等报销凭据，配合出资单位及时办理工程成本入账工作	

序号	所属部门	关键岗位	关键业务	工作界面描述/职责说明	备注
7	直流公司业主项目部	技经专责	提供竣工决算支撑性材料	配合计划部提供施工合同价款结算分析表和施工单位代购设备清单	
			组织相关单位进行现场盘点及验收清单编制	组织现场施工、监理等单位进行工程现场验收盘点工作、确认工程验收现场盘点清单和资产移交清册	
			配合决算事务	配合出资单位做好竣工决算编制及审计的其他工作	

6.4　风险管控

1. 风险描述

由于工程竣工决算数据不准确、编制不及时、内容不完整等原因，导致决算报告无法准确反映工程实际投资，影响公司经营成本真实性。

2. 控制描述

（1）加强工程竣工决算管理，推进竣工决算标准化管理，提升竣工决算编报质量与时效；实行工程竣工决算分级审核审批，实现价值管理在工程建设阶段的闭合。

（2）制定工程决算编制方案，加强编制过程控制，聘请专业会计师事务所对决算数据和内容进行全面审核，出具审核报告，报上级主管单位审批备案，保证工程决算数据和内容的真实、准确。

（3）工程竣工决算实行分级审核审批。工程竣工决算报告的具体编制及审批要求按照《国家电网公司工程竣工决算管理办法》执行。各级单位要加快工程竣工决算编制进度，提高工程竣工决算编制质量。

（4）工程竣工验收后，工程管理部门应及时向财务部门提供书面工程竣工验收报告。财务部门在竣工验收当月估价转增固定资产，并按照规定计提折旧。待办理竣工决算手续后再调整资产价值，但不需要调整原已计提的折旧额。估价的基本原则：根据工程概（预）算、合同或者工程实际成本等，以工程管理部门提供的有关估价资料为依据，合理估计工程成本并计入在建工程科目，按照在建工程账面价值估价转入固定资产。

6.5 考核评价

财务部对管控方案中规定的此类业务活动进行检查与考核，考核内容如表 6-4 所示。

表6-4 考 核 内 容

序号	考核内容	评价项目	评价指标	责任部门
1	工程竣工决算报告编报管理	提供相关材料准确率、及时率	直流公司计划部计划专责提供的合同及合同清单是否及时和准确无误，否则出现每次减指标分值；未及时清理未完的收尾工程，每次减指标分值；未及时准确提供正式批复的竣工结算报告，每次减指标分值	直流公司计划部
2		物资耗用表编制及时率和准确率、审核材料及时率	直流公司物资部门物资专责及时提供公司设备物资耗用表并准确无误，否则出现每次减指标分值；未及时审核确认工程验收现场盘点清单和资产移交清册，每次减指标分值	直流公司物资部门
3		清理未完收尾工程及时率、提供材料准确率、组织事务及时率、审核材料及时率	直流公司工程管理部门工程专责未及时清理未完的收尾工程，每次减指标分值；直流公司工程管理部门工程专责向财务部提供竣工项目建设总结和工程大事记、竣工验收报告及证书是否准确无误，出错，每次减指标分值；组织办理工程移交生产交接手续，每次减指标分值；未及时审核确认工程验收现场盘点清单和资产移交清册，每次减指标分值	直流公司工程管理部门
4		清理未完收尾工程及时率和准确率、审核材料及时率、合同清理及时率和准确率	直流公司其他业务部门工程专责未及时准确完成未完工程的合同签订及发票收集，未在报账截止日前向财务部门提交相关业务的合同、发票等报销凭证，办理工程成本入账工作，出现每次减指标分值；未及时准对《合同执行情况表》进行补充完善，并在报账截止日前将盖章确认的《合同执行情况表》提交财务部门，出现每次减指标分值	直流公司其他业务部门
5		现场验收材料完整率、业务清理及时率和准确率	直流公司业主项目组技经专责在竣工投运后进行工程项目的现场验收，形成工程验收现场盘点清单和资产移交清册信息不全造成返工，出现每次减指标分值；负责未完工程合同签订及发票收集，在报账截止日前向财务部门提交相关业务的合同、发票等报销凭据，办理工程成本入账工作，如未及时入账或出错，出现每次减指标分值	直流公司业主项目部
6		收集传递决算材料及时率	直流公司财务部工程专责未及时收集、传递竣工决算资料造成误工，每次减指标分值	直流公司财务部

附录 A　工程资金支出预算申请表

××工程月度工程资金支出预算申请表

编制单位：

单位：元（人民币）

序号	项目名称	合同执行情况				本次申请资金	支付比例	货款性质	币种	预计付款时间	收款单位				付款账户				建设管理单位	采购订单号
		合同编号	合同金额	累计已申请拨付	累计已支付比例						收款单位	开户行	银行账号		付款单位	开户行	银行账号			
1	（一）工程小计																			

附录 B 合同付款审批单

国家电网公司直流建设分公司合同付款申请单

编号：

单位：元

申请日期：　　年　月　日

工程（项目）名称				
合同名称		合同总金额		
截至上期累计开具发票额		合同编号		
截至上期累计支付额		合同原始编号		
本期开具发票额	合同单位	单位名称		
		银行账号		
		开户银行		
本期申请支付金额（小写）				
本期申请支付金额（大写）				
分管领导审批	换流站部审核	计划部审核	财务部审核	主办部门
年　月　日	年　月　日	年　月　日	年　月　日	年　月　日

附录 C　工程投资拨付明细台账

××工程投资拨付明细台账

单位：元

序号	合同号	合同名称	合同金额（万元）	合同签订时间	合同单位	××年度拨付台账																						××年累计金额							
						第一批付款						第二批付款							第三批付款														
						结算金额	增值税进项税额	发票金额	实际支付金额	备注		结算金额	增值税进项税额	发票金额	实际支付金额	应抵预付款金额	应扣保留金金额	备注	结算金额	增值税进项税额	发票金额	实际支付金额	应抵预付款金额	应扣保留金金额	备注		结算金额	增值税进项税额	发票金额	实际支付金额	应抵预付款金额	应扣保留金金额	采购订单号	备注

附录 D 增值税发票抵扣清单

国家电网公司直流建设分公司代转增值税税抵扣清单汇总表

年 月

金额：元

序号	协同凭证号	项目类型	基建、技改项目名称	单体工程项目定义	单体工程项目名称	采购订单号	采购合同号	设备材料名称	单位工程分部工程	发票校验凭证编号	发票不含税金额	税额	价税合计	发票张数	认证发票日期	备注
总计																

项目主管部门（签章）：　　　　　　　移交或认证发票单位（签章）：

项目主管办人：　　　　　　经办人：　　　　　　经办人：

财务经理：　　　　　　　　　　　　　联系电话：

填表说明：

1. 本表由各移交或认证发票单位按发票逐份填写。
2. 基建项目和技改项目取得的扣税凭证，应详细填写基建、技改项目名称，购买的设备材料拟用于该单项概算项目的单位。
3. 零购项目和成本费用项目取得的扣税凭证只填写设备材料名称（或成本费用名称），不填写基建、技改项目和单位工程。
4. 发票金额、税额、价税合计三列按协同凭证分别进行汇总。
5. 协同凭证号、单体工程项目定义、采购订单号和发票校验凭证编号均由总部 SAP 系统产生。

附录E 合同执行情况表

合同执行情况表

编制部门：

业务核对部门：

单位：元

序号	投资主体名称	单项工程名称	合同名称	合同号	招标情况	合同甲方	合同乙方	原合同金额	变更后合同金额	结算金额	发票开具金额	已确认成本金额	未确认成本金额	合同已支付金额	合同未付金额	合同管理部门	备注

附录 F 暂估工程成本明细表

暂估工程成本明细表

编制部门（加盖印章）：

编制日期： 年 月 日

单位：元

序号	单项工程名称	暂估事项内容	合同名称	合同号	原合同金额	变更调整金额	调整后合同（预计合同）总金额	拟暂估金额	调整原因	备注

附录 G　工程监理费付款报审表

JZJ1

工程监理费付款报审表

工程名称：　　　　　　　　　　　　　　　　　　　　　　　　　　　　　编号：

致：＿＿＿＿＿＿＿＿＿＿＿＿（业主项目部）：
根据＿＿＿＿＿＿＿＿＿＿合同约定。现申请支付＿＿＿＿＿＿＿＿＿＿费用共计＿＿＿＿＿＿万元，占合同金额的＿＿＿％。 　　截至本次付款前，我单位累计已收到款项＿＿＿＿＿万元，占合同金额的＿＿＿％。 　　请予审核。 　　附件：监理费付款计算表：   　　　　　　　　　　　　　　　　　　　　　　　　　　监理项目部（章）： 　　　　　　　　　　　　　　　　　　　　　　　　　　总监理工程师：＿＿＿＿＿＿＿＿＿＿ 　　　　　　　　　　　　　　　　　　　　　　　　　　日　　　期：＿＿＿＿＿＿年＿＿＿月＿＿＿日
业主项目部审核意见：   　　　　　　　　　　　　　　　　　　　　　　　　　　业主项目部（章）： 　　　　　　　　　　　　　　　　　　　　　　　　　　项目经理：＿＿＿＿＿＿＿＿＿＿ 　　　　　　　　　　　　　　　　　　　　　　　　　　日　　　期：＿＿＿＿＿＿年＿＿＿月＿＿＿日
建设管理单位审批意见：   　　　　　　　　　　　　　　　　　　　　　　　　　　建设管理单位（章）： 　　　　　　　　　　　　　　　　　　　　　　　　　　项目负责人：＿＿＿＿＿＿＿＿＿＿ 　　　　　　　　　　　　　　　　　　　　　　　　　　日　　　期：＿＿＿＿＿＿年＿＿＿月＿＿＿日

　　注　本表一式＿＿＿份，由监理项目部填写，业主项目部存一份，监理项目部存＿＿＿份。

附录 H 工程预付款报审表

工程预付款报审表

工程名称：　　　　　　　　　　　　　　　　　　　　　　　　　　　　编号：

致_____工程项目监理部： 　　我单位已于工程建设管理单位签订施工合同，且已提供了履约保函，现申请支付预付款（大写：　　　　　　　　） _____，请审核。 　　附件：   　　　　　　　　　　　　　　　　　　　　　　承包单位（章）： 　　　　　　　　　　　　　　　　　　　　　　项目经理： 　　　　　　　　　　　　　　　　　　　　　　日　　期：
项目经理部审查意见：   　　　　　　　　　　　　　　　　　　　　　　项目监理部（章） 　　　　　　　　　　　　　　　　　　　　　　总监理工程师：
建设管理单位审批意见：   　　　　　　　　　　　　　　　　　　　　　　建设管理单位（章）： 　　　　　　　　　　　　　　　　　　　　　　项目经理：

本表一式____份，由承包单位填报，建设管理单位、项目监理部各一份，承包单位____份。

附录 I　工程进度款报审表

工程进度款报审表

工程名称：　　　　　　　　　　　　　　　　　　　　　　　　　　　　编号：SZJX3-SG**-***

致　　　　　　　　　　　　项目监理部： 　　我公司于　　　年　　月　　日至　　　年　　月　　日共完成合同价款　　　　元，　　　　　按合同规定扣除　　％预付款和　　％质量保证金，特申请支付进度款　　　　元，　　　　　请予审核。 　　其中：安全文明施工费本月完成　　　　元，原计完成　　　　元，完成总额的　　％。 　　附件：ERP工程资金申请报审表。   施工项目部（章）： 项目经理：　　　　　　　　　　 日　　期：
监理项目部审核意见：   监理项目部（章）： 总监理工程师：　　　　　　　　　 专业监理工程师：　　　　　　　　 日　　　期：
业主项目部审批意见：   业主项目部（章）： 项目经理：　　　　　　　　　　 日　　期：

注　1. 本表一式　　份，由施工项目部填报，业主项目部、施工项目部各一份、监理项目部存　　份。
　　2. 每月15日前，由施工项目部填报，监理单位审查，报业主项目部审批，列入下月资金计划。

附录 J 质量保证金付款报审表

质量保证金付款报审表

编号：

工程项目名称：					
本单位工程开工时间：　　　年 月 日　竣工时间：　　　年 月 日					
投运时间：　　　年 月 日					
质保期限：自　　　年 月 日至　　　年 月 日止					
现…………，满足…………，特申请…………					
承包单位（章）：					
项目经理：　　　　　　日期：　　年 月 日					
项目监理部审核意见：					
项目监理部（章）：					
总监理工程师：　　　　日期：　　年 月 日					
运行单位意见（有无遗留问题及处理建议）：					
运行单位（章）：					
负责人　　　　　　　　日期：　　年 月 日					

直流建设分公司	工程建设部门（业主项目部）意见： 　　　　　　　工程建设部（章）： 　　　　　　　项目经理：　　　日期：　　年 月 日
	工程管理部门（换流站部/线路部）意见： 　　　　　　　部门负责人签字：　日期：　　年 月 日
	安全质量部门意见： 　　　　　　　部门负责人签字：　日期：　　年 月 日
	合同结算部门（计划部）意见： 　　　　　　　部门负责人签字：　日期：　　年 月 日
	财务部门意见： 　　　　　　　部门负责人签字：　日期：　　年 月 日
	档案资料意见： 　　　　　　　部门负责人签字：　日期：　　年 月 日

本表一式____份，由承包单位填报，监理单位、运行单位、工程建设部各一份，承包单位____份。

附录 K　工程开工报审表

工 程 开 工 报 审 表

工程名称：　　　　　　　　　　　　　　　　　　　　　　　　　　　编号：

致＿＿＿＿＿＿＿＿＿＿＿工程项目监理部： 　　我方承担建设的＿＿＿＿＿＿＿＿＿＿＿工程，已完成开工前各项准备工作，特申请于＿＿＿＿年＿＿月＿＿日开工，请审查。 　　□项目管理实施规划（施工组织设计）已审批； 　　□施工图会检已进行； 　　□各项施工管理制度和相应的施工方案已制定并审查合格； 　　□输变电工程施工安全管理及风险控制方案满足要求； 　　□施工技术交底已进行； 　　□施工人力和机械已进场，施工组织已落实到位； 　　□物资、材料准备能满足连续施工的需要； 　　□计量器具、仪表经法定单位检验合格； 　　□特殊工种作业人员能满足施工需要。   　　　　　　　　　　　　　　　　　　　　　施工项目部（章）： 　　　　　　　　　　　　　　　　　　　　　项目经理：＿＿＿＿＿＿＿＿＿＿ 　　　　　　　　　　　　　　　　　　　　　日　　期：＿＿＿＿＿＿＿＿＿＿
监理项目部审查意见：   　　　　　　　　　　　　　　　　　　　　　监理项目部（章）： 　　　　　　　　　　　　　　　　　　　　　总监理工程师：＿＿＿＿＿＿＿＿ 　　　　　　　　　　　　　　　　　　　　　日　　期：＿＿＿＿＿＿＿＿＿＿
建设管理单位（业主项目部）审批意见： 　　□工程已经核准   　　　　　　　　　　　　　　　　　　　　　建设管理单位（章）： 　　　　　　　　　　　　　　　　　　　　　项目经理： 　　　　　　　　　　　　　　　　　　　　　日　　期：

本表一式＿＿＿份，由承包单位填报，业主项目部、监理部项目部各一份，施工项目部存＿＿＿份。